U0281829

油气环境磨料水射流应急切割技术与装置

/

Abrasive Waterjet Emergency Cutting Technology and Device in Oil and Gas Environment

华卫星　等　著

重庆大学出版社

内容提要

本书对油气环境金属应急切割的研究现状进行了分析，对磨料水射流冷态切割技术的安全性进行了分析，对磨料水射流切割装置进行了优化，并在此基础上开展了金属切割机理、特性和参数预测算法模型的研究。本书还对切割效能进行了对比评估，促进了油气环境磨料水射流切割技术的工程化应用，为实现油罐和输油管道切割过程的精确控制提供了技术支撑。

本书的适用人群主要是石油与天然气工程、安全工程和机械工程等专业的教师、研究生、本科生，也可供从事石油天然气领域的工程技术人员参考。

图书在版编目(CIP)数据

油气环境磨料水射流应急切割技术与装置 / 华卫星等著. -- 重庆：重庆大学出版社，2024.5

ISBN 978-7-5689-4474-8

Ⅰ. ①油… Ⅱ. ①华… Ⅲ. ①金属—切割—研究 Ⅳ. ①TG48

中国国家版本馆 CIP 数据核字(2024)第 093671 号

油气环境磨料水射流应急切割技术与装置

YOUQI HUANJING MOLIAO SHUISHELIU YINGJI QIEGE JISHU YU ZHUANGZHI

华卫星　等　著

策划编辑：范　琪

责任编辑：张红梅　　版式设计：范　琪

责任校对：王　倩　　责任印制：张　策

*

重庆大学出版社出版发行

出版人：陈晓阳

社址：重庆市沙坪坝区大学城西路 21 号

邮编：401331

电话：(023) 88617190　88617185(中小学)

传真：(023) 88617186　88617166

网址：http://www.cqup.com.cn

邮箱：fxk@cqup.com.cn (营销中心)

全国新华书店经销

重庆升光电力印务有限公司印刷

*

开本：720mm×1020mm　1/16　印张：13.75　字数：198 千

2024 年 5 月第 1 版　2024 年 5 月第 1 次印刷

ISBN 978-7-5689-4474-8　定价：88.00 元

前　言

石油是工业的"血液"，是国民经济的能源支柱。金属切割则是石油与天然气工程和应急抢修等领域不可或缺的工艺，但是在油气特殊场所，常用的砂轮切割、火焰切割和激光切割等热切割技术，无法避免金属表面热应力的产生，容易造成切割对象的变形乃至失效，甚至造成事故。

针对这个难题，笔者课题组一直坚持在油气环境应急切割领域进行探索研究，先后开展了一些有益探索，获得了一些突破和成果，并取得了良好的应用效果。为更好地总结前期的研究方法、理论成果和技术应用，促进同行之间的学术交流，为青年科研人员提供学习参考，笔者撰写了本书。本书从油气环境金属应急切割需求入手，分别阐述了磨料水射流应急切割技术原理、理论模型、切割机理、切割特性、操作参数优化和装置研制等多方面的内容，重点进行了材料冲蚀失效模型、喷嘴数值仿真及优化等的理论计算，提出了磨料水射流应急切割装置的工程设计及编配使用说明。

本书作者包括华卫星博士、陈雁教授、张镇副教授、段纪淼副教授、陈晓晨高级工程师和管金发博士，撰写过程中得到了邓松圣教授、杨继平教授、陈明副教授、武建军博士、郭广东博士、黄龙博士、李国栋博士、刘慧姝博士、夏卿博士等专家学者的大力支持，并顺利完成了相关研究内容，在此深表谢意！

本书涉及的研究内容得到了国家自然科学基金委员会、重庆市教学委员会、中国人民解放军陆军勤务学院、中国赛宝实验室西南分所的大力支持，在此一并表示衷心感谢！

由于本书涉及的理论知识面广、专业性强，作者对每一章节内容的撰写难免有疏漏之处，还有很多需要进一步阐述的内容，请读者和专家批评指正！

著　者

2023 年于重庆

目　录

第 1 章　绪论 ………………………………………………… 001

1.1　油气环境磨料水射流应急切割的研究背景 ………………… 001

1.2　油气环境应急切割研究现状 ……………………………… 004

1.3　油气环境下应急切割存在的问题 ………………………… 016

1.4　本书的内容安排 …………………………………………… 017

第 2 章　磨料水射流流场及材料冲蚀失效模型 ……………… 019

2.1　磨料水射流运动控制方程 ………………………………… 019

2.2　材料冲蚀失效理论及冲蚀磨损模型 ……………………… 023

2.3　数值求解方法分析 ………………………………………… 025

2.4　磨料水射流喷嘴磨损及冲蚀材料失效仿真方法分析 …… 028

2.5　喷嘴选择与优化设计 ……………………………………… 032

第 3 章　磨料水射流切割机理 ………………………………… 048

3.1　磨料水射流切割机理研究方案 …………………………… 048

3.2　钻孔冲蚀坑形貌特征分析 ………………………………… 051

3.3　磨料水射流钻孔机理分析 ………………………………… 062

3.4　磨料水射流切割断面形貌特征分析 ……………………… 070

3.5　磨料水射流切割机理分析 ………………………………… 074

第 4 章　油气环境磨料水射流切割特性 ……………………… 084

4.1　磨料水射流切割实验方案 ………………………………… 084

4.2　磨料水射流切割实验平台 ………………………………… 086

4.3 操作参数对切割深度的影响 …… 092
4.4 油气环境磨料水射流切割安全性研究 …… 099
4.5 油气环境应急切割关键技术指标 …… 104

第 5 章 磨料水射流应急切割装置操作参数优化 …… 108
5.1 射流冲击模型对比选择 …… 108
5.2 基于 BP 算法的射流切割深度预测模型 …… 115
5.3 基于 GM-BP 算法的射流操作参数优化模型及用户界面设计 …… 124

第 6 章 油气环境磨料水射流应急切割装置 …… 132
6.1 油气环境磨料水射流应急切割装置定位 …… 132
6.2 系统总体设计 …… 136
6.3 磨料水射流应急切割装置单元设计 …… 140
6.4 磨料水射流应急切割装置集成设计 …… 156

第 7 章 油气环境磨料水射流应急切割装置应用 …… 160
7.1 用户操作界面设计 …… 160
7.2 输油管道切割技术指标 …… 163
7.3 常用油罐切割技术指标 …… 164
7.4 储油洞库切割技术指标 …… 166
7.5 磨料水射流应急切割效能评估 …… 168

附 录 …… 190
附录 1 BP 神经网络预测算法 MATLAB 程序 …… 190
附录 2 GM-BP 神经网络预测切割深度算法 MATLAB 程序 …… 192

参考文献 …… 200

第1章　绪　论

1.1　油气环境磨料水射流应急切割的研究背景

石油是工业的“血液”，我国是世界上最大的能源生产和消费国，截至2022年底，我国油气管道总长度达到18万km，此外还有大量的油库、加油站分布在机场、港口和国家石油储备基地等核心位置，这些油气设施设备为我国的能源战略安全提供了保障，对我国经济社会发展和国防建设至关重要。油罐和输油管道是实现油气储存、运输的核心设备，对保证油气安全可靠运行具有重大意义。

但是，各种因素造成的设备破损和油气泄漏现象时有发生，给油气设施设备的安全运行带来了不确定性。在金属油罐建设过程中，局部焊缝质量不达标或受到过大的局部外力作用，会给后期运行埋下破损隐患；在管道运行过程中，油气介质对管壁的冲刷、外环境介质对管壁的腐蚀、环境温度变化引起的管道局部压力突变以及油气偷盗分子的破坏等，会造成管道局部破损；此外，各种不可控因素，如山洪、地震和泥石流等自然灾害以及战争中敌人针对储油输油设施的重点打击等，也会使油气设施受到损坏。油罐和输油管道的破损往往具有不可预见性，并且往往在油气输送过程中才被发现。管道破损造成油气泄漏时，不但影响输油任务的顺利进行，而且极易引发安全事故。因此，在发现设施设备损坏后，应快速开展对受损设施设备的应急抢修作业，最大限度地缩小泄漏事故的规模,降低泄漏事故的影响,迅速恢复作业功能。

油气环境应急抢修具有紧迫性和危险性,针对不同的破损情况,采用的应急抢修技术存在较大差异。针对小规模、小范围的穿孔、砂眼或者裂缝等损伤,可以在不动火、不停输、不泄压的情况下,采用带压堵漏技术修复破损。当油罐和输油管道发生多处穿孔、砂眼或裂缝等密集损伤时,也可以在不停产的情况下,采用带压焊接技术进行修复。而当油罐和输油管道发生严重破裂、变形或者断裂等损伤时,便会丧失继续作业能力,并造成油品的大量泄漏。此时,必须采用切割抢修技术,通过将破损设备切除,替换成新的储罐和管道,迅速恢复管道的作业能力。但是,传统切割方法不可避免地会产生高温、火花甚至明火,为了避免泄漏油品发生着火或爆炸事故,需在停输、隔离、抢收、放空、清洗、置换以及通风等一系列准备工作后才能进行切割作业,造成抢修作业周期较长,现有的抢修技术不能满足应急抢修作业需求。为了促进应急抢修工艺的发展,在分析应急切割作业相关规定的基础上,寻找更加安全的切割技术显得尤为迫切。

表1.1列出了国内外油气环境切割作业的相关规定。

表1.1 国内外油气环境切割作业规定

国内外相关标准	油气管道切割作业的相关规定
《长输管道维抢修设备机具技术规范》(Q/SY GD 0167—2011)	管道切割方法包括液压切割、电动切割、水泥切割及火焰切割,不同方法所采用的装备、工艺特征和技术指标存在差异
《工业金属管道工程施工规范》(GB 50235—2010)	金属管道优先采用机械切割方法,根据具体使用环境也可以采用其他切割方法
《Oil and gas pipeline systems》(CSA Z662-07—2007)	现场环境存在可燃物时,应使用机械切割方法
钢质油气管道失效抢修技术规范(SY/T 7033—2016)	应使用冷切割方式切割第一道口

由表1.1可以看出,油气环境切割方法多种多样,应用时应参照相关规定,根据使用环境、切割对象特征以及作业要求选用。对于常规管道切割作业环境,优先采用机械切割方法,在满足安全性的前提下才可使用热切割方法。而在管道发生严重破损造成管道停输和油品大量泄漏的情况下,环境中弥散着易燃易爆油气介质,此时安全性较低的热切割方法不符合要求,因此,应采用冷切割方法。虽然在连续水流的冷却作用下,机械切割方法相比热切割具有更高的安全性,但是针对应急切割作业而言,火花和高温仍然是潜在的危险源。磨料水射流切割技术作为一种冷切割技术,在切割过程中具有很高的安全性,而且切割过程不存在热影响区,坡口不需要二次打磨,对于危险条件下的切割作业具有独特的适用性。

磨料水射流技术已经成功应用于废旧炮弹处理、含能材料切割、核反应堆处理以及煤矿井下切割等场景。其中,磨料水射流切割炮弹、核反应堆设施时,其应急切割装置、切割机理、各种参数对切割的影响规律以及切割过程的危险性都与切割输油管道不同。在煤矿井下受限空间内进行切割作业时,不仅要求应急切割装置体积小巧,切割环境中的瓦斯危险性也与油品泄漏产生的易燃易爆危险环境类似,这为采用磨料水射流切割输油管道的研究提供了一定的参考。前期,在考虑油气环境防爆要求的情况下,通过改进磨料水射流应急切割装置的集成性和便携性,得到了磨料水射流切割样机,对X60管道钢材进行了切割实验。同时,发现磨料水射流在切割输油管道过程中仍然存在诸多问题有待解决。

本书以油气场所等易燃易爆危险环境下应急抢修需求为载体,探索射流技术应用于切割装置的发展方向,开展磨料水射流流场、关键技术指标、切割机理、方案设计、装置应用等一系列磨料水射流应急切割技术与装置研究,提高应急切割装置的理论研究水平,提升油气环境下的应急抢修救援能力,为复杂条件下完成油料供应、增强石化行业应急处置技术储备提供支撑。

1.2 油气环境应急切割研究现状

1.2.1 应急切割技术研究现状

油气环境往往存在各种危险因素，其中最主要的就是爆炸危险。应急抢修任务往往是在油气环境中进行，尤其是在油库站等储存大量油料等危险化学品的区域，采用传统的抢修手段非常危险。根据工程需要和成本要求，商用油库大量采用了地面油罐储油等方式，一旦出现事故，油罐等储油设施容易泄漏大量油料，需要及时进行抢修作业，这就涉及切割、破拆钢筋混凝土、破损管道、防护门等设施设备。油库往往地处偏僻、地形复杂、交通不便，更加需要专门的切割装置与工具进行第一时间的抢修作业，不能被动地等待上级或地方救援力量到位后才开展救援。

在灾难或事故发生后迅速开展应急抢修救援工作时，一项重要的工作就是对建筑物、设施设备和其他障碍物进行切割破拆。目前，应急抢修技术主要包括以下几种：手动机械、工程机械、火焰切割、等离子技术、激光技术和高压水射流等，具体的切割特性对比如表1.2所示。

表1.2 应急抢修技术特征对比

抢修技术	工作原理	作业质量	适用对象	危险因素	安全性
手动机械	变形切削	较差、需后处理	金属、混凝土	火花、高温	较低
工程机械	液压冲击	好	金属、混凝土	火花、高温	较低
火焰切割	高温熔融	热变形大	碳素钢、合金钢	明火、高温	低
等离子技术	高温熔融	热变形大	碳素钢、合金钢	火花、高温	较低
激光技术	高温熔融	好	较厚金属材料	高温、火花	较低
高压水射流	射流冲蚀	好	金属、混凝土	无	高

不同的抢修技术具有不同的应用特点和适用范围，在不同的抢修领域发挥着重要的作用。按照技术特点不同，抢修技术主要分为机械切割技术、动火切割技术和射流切割技术三大类，其中，动火切割技术主要运用焊接、火焰切割、车削打磨等手段开展施工、维修和拆除等工作，在禁火区和易燃易爆场所使用必须按级审批，按章操作。下面分别介绍不同抢修技术的特点。

(1)机械切割技术

机械切割技术主要包括手动机械切割和工程机械切割。其中，手动机械切割主要通过人工进行抢修作业，具有灵活机动、适应性强等特点，虽然适用于狭窄场所，但作业效率和处理效果较差，难以完成长时间的抢修操作，一般用于大规模作业后的小范围抢修作业或者人员救援作业。

工程机械切割是应急抢修作业的主力军，通常集中多台工程机械在发生重大事故后、在应急抢修过程中进行抢修作业，能够适应多种不同环境下的要求，实现不同需求的切削、破拆、挖掘等，具有时间紧迫、环境恶劣和危险性大等特点。其优点是抢修作业速度快、效率高；缺点是灵活性有限，难以实现狭小空间和油气环境中的应急抢修工作，对交通条件有一定要求，费用高。

机械切割技术是一种最常用的抢修技术。虽然其具有速度快、操作难度低的特点，但是，机械作业过程中会产生大量能量，必须及时进行冷却，在油气环境下进行操作具有很大的危险性，需要依靠无火花工具进行，对一些切割难度大的金属和混凝土，作业过程很难达到安全要求。

(2)动火切割技术

动火切割技术是指在抢修过程中，使用明火或者产生高温的抢修技术等。动火包括计划性动火和应急性动火，本书研究的主要是应急性动火。动火作业是指在禁火区进行焊接与切割作业及在易燃易爆场所使用喷灯、电钻、砂轮等进行可能产生火焰、火花和炽热表面的临时性作业。动火切割技术主要包括火焰切割技术、等离子技术和激光技术。

火焰切割技术是一种主要针对金属目标的作业手段，费用低，但是难以实现精确控制，容易造成周边环境的破坏，只适合在切割要求不太高的场所使用。

等离子技术是通过高能等离子的热效应将金属熔融，从而实现金属切割的作业手段。跟火焰切割技术类似，等离子技术热影响区很大，但精度比火焰切割技术高许多，在运用等离子技术切割金属材料时，由于热变形很大，因此能够快速实现对金属的处理；同时由于使用惰性气体或水流进行空气的隔绝，因此也具有一定的阻燃作用。但是在实际操作中很难保证高温的等离子与危险气体隔离，在油气环境下的切割中仍然存在较大的安全隐患。

激光技术是一种新型的切割技术，无切削力，加工无变形；无刀具磨损，材料适应性好；切缝窄、切割质量好、自动化程度高，操作简便，劳动强度低，无污染；可实现切割自动排样、套料，提高了材料利用率；生产成本低，经济效益好，但是激光设备维护难度大，对较厚的金属材料切割效果一般。激光技术价格昂贵，切割精度高，适用于精度要求高的机械加工领域。但激光技术用于应急抢修作业时效率不高，无法解决切割过程的高温隐患，因此，无法用于油气环境中的应急抢修作业。

当油气场所等危险环境中的应急切割作业不可避免地需要采用动火切割技术时，常采用黄油囊油气隔离装置进行动火切割。该技术要求操作周边不能出现泄漏的油品，从工程实践的角度来看属于一般性的隔离技术，能够在一定条件下完成动火作业，对操作环境要求较高，但在应急抢修作业条件下，油品往往出现了大量泄漏，很难保证作业安全。

(3)射流切割技术

相比其他切割技术，射流切割技术以其特有的柔性切割，实现了对石材、混凝土、碳素钢、铸铁、不锈钢、陶瓷、玻璃等数百种材料的有效切割，弥补了传统机械设备和动火切割的不足，是发展最快的切割工艺之一。水射流切割厚度能达到 200 mm，不会产生热变形，不影响周边环境，适用于各种复杂环境中的抢修作业。

表1.3为射流切割技术切割不同材料的速度对比。从表中可以看出,水射流既可以完成对混凝土的切割,也可以实现对不同金属材料的切割,但对于混凝土和不同金属材料,其切割速度有一定差距,与具体材料的特性有关。当油气环境中需同时对多种材料进行切割时,水射流切割技术能够满足应急条件下的抢修需求,不需要根据不同材料的特性更换设备,节省了抢修时间,但需要对不同材料的射流切割参数进行预测研究。

表1.3 射流切割技术切割不同材料的速度对比

材 料	280 MPa	300 MPa	350 MPa	380 MPa	420 MPa
混凝土	67.1	134.2	213.5	347.7	436.8
淬火钢	32	82.1	112.5	138.1	183.4
铜	45.9	117.3	161.5	198.1	263.1
铝	98.5	251.2	345.2	423.4	562.4
钛合金	48.5	123.7	170.1	208.5	276.9

注:切割厚度为12 mm,单位为mm/min。

由于水的降温除尘作用,在应急抢修作业中,高压水射流产生的大量水蒸气能有效降低环境温度,隔绝可燃物和氧气,起到消防灭火的作用,因此,特别适用于带电区域的火灾和应急抢修作业。但是,射流切割技术受目标的材料、形状、厚度和切割精度等影响较大,目前还缺乏适用于应急抢修的射流切割操作参数预测程序,难以实现精确控制。本书将运用神经网络算法开展操作参数优化研究,为解决该问题提供思路。

应急抢修技术具有多种方式,应根据具体的使用环境、切割对象和工艺标准进行选择。在一般的场所,对火花和高温等危险因素的产生不敏感,可以选择多种切割方式进行抢修作业。但是在油库加油站等易燃易爆场所,采用机械切割、明火切割等作业方式容易造成燃烧爆炸,往往需要进行停工、隔离、排空、清洗、通风和检测等一系列复杂的准备工作,达到安全标准并得到上级的动火作业批准后,才能进行切割作业,不适合应急抢修作业。

射流切割技术是一种有别于普通切割技术的“冷切割”技术，主要通过高压产生的水力冲击实现磨料或水流的冲蚀效果，能够在切割过程中避免二次事故的发生，具有很高的安全性，同时切割断面不会发生热变形，不需要进行二次处理，适用于油气环境下的应急抢修作业。

1.2.2　应急切割装置研究现状

我国地域面积辽阔，是世界上自然灾害最为严重的国家之一，从汶川地震到金沙江堰塞湖，这些自然灾害给人民群众带来了巨大的损失。此外，在国民经济发展过程中，各类安全生产事故也给人民群众带来了巨大的伤害，为此，我国一直大力发展国家突发事件应急体系。目前，我国防范和应对突发事件综合能力显著提升，现代化应急抢修救援装备大规模使用，应急抢修救援走上了专业化道路。

我国工程抢修装备早期主要采用民用工程机械和手动机械。随着技术的进步和科研能力的提高，20 世纪 60 年代装甲工程车和具有一定防护能力的工程机械开始被研制出来。20 世纪 70—80 年代，轮式挖掘机等专用抢修装备开始出现，到 20 世纪末基本形成了系统配套、种类齐全的抢修装备系统。进入 21 世纪，根据救援需要我国又研制开发了多功能抢修作业车、应急抢修车等多型抢修装备。在与灾害事故的长期斗争中，应急抢修装置发挥了重要作用，在广大研究人员和科研机构的共同努力下，应急切割装置研究取得了一系列重要成果。

按照适用性分类，抢修装备分为通用抢修装备与专用抢修装备两大类。其中，通用抢修装备包括侦检器材、警戒器材、救生器材、破拆装备、个人防护装备、通信装备、报警装备、医护装备等；专用抢修装备主要包括危险化学品抢修装备、电力抢修装备、切割破拆装备等。

在实际救援中，往往需要对设施设备或倒塌的建筑物进行切割破拆作业。目前，应急救援中针对金属的切割技术包括机械切割、火焰切割、等离子切割、激光切割、水射流切割等。在混凝土的破拆作业中，根据动力源的不同，常用的破拆方法包括手动破拆、电动破拆、气动破拆、液压破拆、机械破拆、爆破等。在普通环境下如高层建筑、普通厂房，通常选用成本更低、效率更高的机械破拆和手工破拆等进行作业。

能源化工行业的事故往往造成大量人员伤亡和财产损失，社会影响大，舆论关注度高，而且应急抢修救援时间非常紧，这些都造成了救援工作的被动性。油气环境下应急救援是一项非常困难的任务，要保证抢修作业安全，必须消除抢修过程中的爆炸因素，而用工程抢修机械进行直接救援容易造成燃烧爆炸，对救援人员的人身安全具有极大威胁。常用的工程抢修设备与器材如表1.4所示。

表1.4　常见的工程抢修设备与器材

序　号	设备类别	常见抢修设备与器材
1	破拆类	液压剪断器、液压扩张钳、多功能钳、开门器、开缝器、破拆撬斧工具、破门工具、腰斧、手动冲击器等
2	切割类	救援切割机、油锯、链锯、钢筋速断器、等离子多功能切割机、等离子熔焊机、等离子钎焊机、多功能液压剪切钳、水射流切割机等
3	破碎类	电动凿岩机、电镐、电动破碎镐、汽油破碎机、全能型分裂机、劈裂机
4	其他类	无火花工具、矿山抢险救援防爆组合工具箱、遥控破拆机器人、救援快速破拆气动冲击工具气动工具、手持式液压钻孔机、射流切割机

限于应急技术设备的发展水平，在油气环境下的应急抢修救援中，往往依靠救援人员使用现有的救援装备进行人工作业，取得了辉煌的成绩，但也付出过沉重的代价。因此，随着安全意识的增强和技术水平的提高，研制开发新的安全切割破拆装置，实现在油气环境中快速、高效地对障碍物进行破拆切割，对提高救援工作效率、确保救援人员安全具有重要的意义和深远的社会影响。

在破拆作业中，无论是手工破拆、电动破拆，还是液压破拆都是采用机械碰撞作业的方式,都难以避免点火源的产生,容易造成火灾、爆炸,而爆破更加不适用油气环境的应急抢修作业。水射流切割技术以水为工作介质,作业过程产生的热量被水流及时带走,消除了常规作业方式带来的高温、静电、火花等致爆危险,避免了产生点火源,具有操作安全、结构简单、成本可控等特点,适合在供油设施、核污染洗消等高危场所进行抢修,弥补了普通抢修装置的局限性,为解决油气环境下应急救援问题提供路径。

1.2.3 射流切割技术研究现状

射流是指通过机械或其他动力,将流体从小孔、狭缝或管嘴中射出,并进入外部流体的一种流动现象,主要包括水射流、其他液体射流和气体射流三类,其中应用最为广泛的就是水射流。

水射流切割技术是一种新型的水力利用技术,主要用于对物料进行切割、破碎和清洗,目前在煤炭、石油、冶金、航空、半导体等多个领域应用。20 世纪 70 年代,出现了高频射流、共振射流和磨料射流,这些新型的射流通过技术改进,大大提高了冲击效果。20 世纪 80 年代,出现了新的射流切割技术,如空化射流、气水射流和自振射流等,引起了人们的高度关注。20 世纪 90 年代,水射流切割技术先后发展出射流清洗、射流切割和射流除锈等多种产品,其中“水刀”设备甚至出现了以机械臂操作为代表的自动化产品,并且在多个行业内实现了批量化生产,得到了广泛的工程应用。

21 世纪以来,随着装备技术的不断发展,各种新型水力机械先后得到应用,特别是水射流切割技术,其作为一种良好的用于切割、破碎和清洗工作的技术,得到了人们的普遍认可,出现了一大批水射流切割机、采煤机、掘进机、打桩机和各种类型的清洗机。部分常见的射流装置如图 1.1 所示。

大量研究表明,在射流切割领域,最经济可靠的方式就是将细小的磨料颗粒混合到射流中,从而提高射流的切割能力,即磨料水射流技术。与纯水射流相比,磨料水射流是一种固液两相流,磨料能够有效提升射流的冲蚀能力,在机械加工和矿山开采等领域取得了许多成果。磨料水射流根据磨料添加方式的不同,可分为前混合式和后混合式。

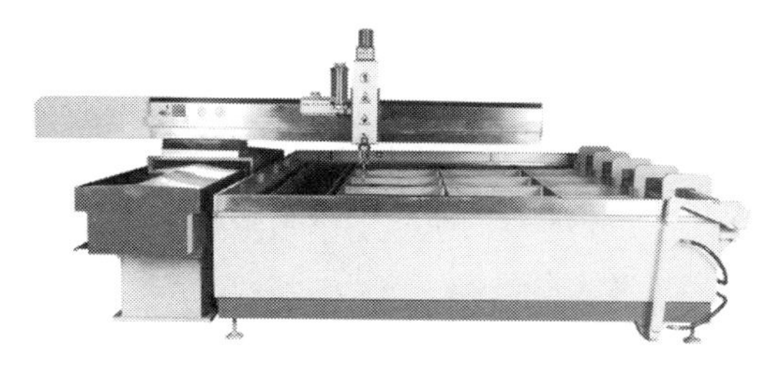

(a)悬臂式水射流切割机

(b)便携式高压清洗机

(c)超高压水射流破拆设备

图1.1　常见的射流装置

(1)前混合式磨料水射流

前混合式磨料水射流是指将磨料在喷嘴前与水进行混合,然后通过喷嘴射出,形成磨料水射流。其主要优点是避免了磨料与水混合不均匀,提高了能量密度和冲蚀效果。其基本原理如图1.2所示。

前混合式磨料水射流的冲蚀效果非常明显。例如,30 MPa的前混合式磨料水射流,在切割速度比较缓慢时,就可以切割厚度10 mm以下的钢板,而纯水射流就难以达到这种效果。前混合式磨料水射流的高压发生装置与纯水射流基本相同,但所需的压力等级大大降低,存在的问题主要是非常突出的喷嘴磨损问题,以及磨料在管路和混合腔内的沉积问题。因此,前混合式磨料水射流的技术关键有两点:一是如何把磨料加入高压管路中与水均匀混合;二是要把磨料颗粒悬浮运动的最小沉积末速度计算出来,解决磨料沉降问题。

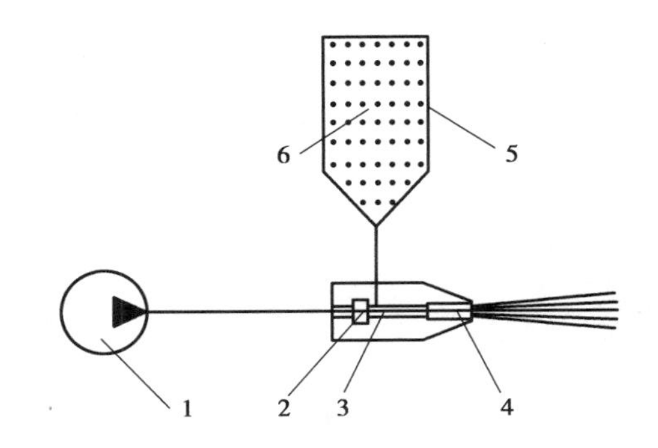

图 1.2　前混合式磨料水射流的基本原理图

1—高压泵;2—单向阀;3—混合腔;4—喷嘴;5—磨料罐;6—磨料

(2)后混合式磨料水射流

后混合式磨料水射流是指在水射流形成后,再注入磨料,利用高速水射流的动能给磨料颗粒加速,从而形成磨料水射流。由于结构简单、经济性好,后混合式磨料水射流是目前应用最多的一种磨料水射流。其工作原理如图 1.3 所示。

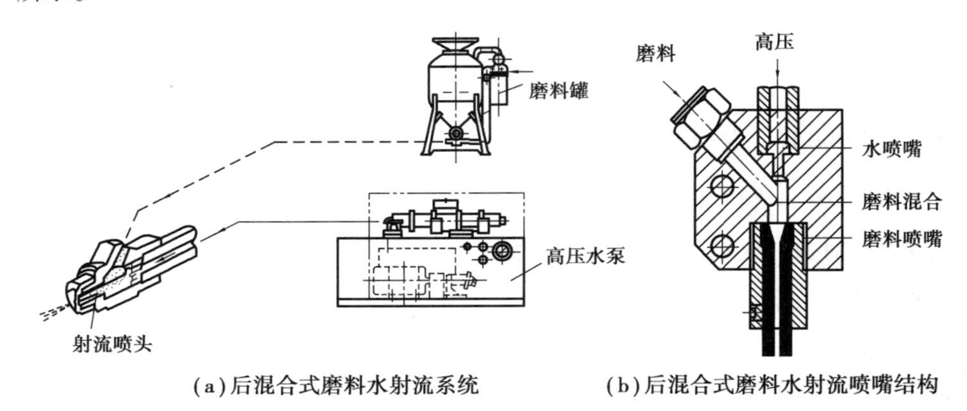

(a)后混合式磨料水射流系统　(b)后混合式磨料水射流喷嘴结构

图 1.3　后混合式磨料水射流的基本原理图

后混合式磨料水射流是固-液-气多相流。磨料颗粒由于是通过高压气体压入混合腔,再通过水的流动进入喷嘴,因此,磨料与水的运动速度不同,水的速度一般是大于磨料的速度,这个速度差称为滑移速度。喷嘴组件是影响滑移速度乃至冲蚀效果的关键部件,对最终的射流效果有显著影响。因此,需要对喷嘴组件的结构参数进行优化配置。

(3)射流切割机理研究

Abotaleb 展开了对射流形态的研究,并通过实验,分析了圆柱形纯水射流柱内部水的速度变化情况,得到了射流流场的发展规律,对射流流场内的流动形态有了初步认识。Perec 也通过实验的方法对单相射流流场进行了类似的分析,同样发现了射流各流动截面中速度分布的相似性,这些都为射流理论的研究奠定了基础。Ayed 等人利用普朗特提出的混合长度湍流模型对圆柱形和平面射流进行了求解,开启了利用求解微分方程研究射流流动规律的时期。此后,Chuan 分别采用切应力湍流模型和涡量传递模型对圆柱形射流的微分方程进行了求解,Hosseinnia 采用动量积分的方法对纯水射流进行了求解分析。以上对射流结构理论的研究都是针对单相射流进行的,磨料水射流是磨料和水的混合流动,相比单相流更加复杂,需要开展专门的研究。

Mance 通过研究颗粒群的流动阻力系数,分析了颗粒群运动与单个颗粒运动的差别,总结出了颗粒群阻力系数的经验公式。Lee 在连续介质理论的基础上,推导了有限体积比固液两相流的基本方程。20 世纪 60 年代以后,有关两相流的专著、手册陆续出版,逐渐形成了一门独立的学科,并迅猛发展。Goto 和 Hayashida 利用经典弹性力学和损伤理论解释了水射流冲蚀岩层的过程。Tomita 认为高压水射流的破坏机理主要是颗粒侵蚀、剪切破坏和拉力破坏,其他学者也提出了很多解释理论,如空化水射流理论、水楔理论等。

随着计算机技术的发展,利用计算机数值计算方法研究多相流流动问题逐渐成为许多学者的选择。随着多相流基本规律研究的不断深入,多相流流动理论也取得了很多成果,多相流流动的基本方程得到了建立,并且形成了目前广泛使用的双流体模型和多流体模型的多相流理论体系。磨料水射流的冲蚀原理与纯水射流不同,因为主要的冲蚀效果是由磨料颗粒产生的,所以所需要的压力大大降低、所需的时间大大减少,水流的作用主要是加速磨料颗粒和去除颗粒的堆积效果,水流本身的切割效果非常微弱,可以忽略不计。岩石颗粒通过磨料的冲击与碰撞被切掉，首先磨料水射流在岩层上形成孔洞，然后射流发生扭曲，继续加深切割效果，切割效率与冲击岩层的数量和动能都有关系。

Kovacevic 认为，磨料水射流在切割不同材料时发生的切割机理也不同。脆性材料的切割效率随着切割角度从 0°～90°逐渐增加，而塑性材料的切割效率一般在冲击角度为 15°左右时达到最大。岩石、混凝土、陶瓷等脆性材料的主要破坏形式为裂缝的扩大与贯通，而大部分金属材料的主要破坏形式是切割与疲劳。因此，磨料水射流切割材料广泛，包含了金属材料、建筑材料和岩石等不同材料，而传统工具往往只能针对某种材料进行切割。

(4)射流技术设备的发展

近十几年，射流技术设备有了较快的发展，基于射流技术的抢修设备如图 1.4 所示。阮桢等人应用高压水射流技术，开发了切割灭火设备，对密闭空间火灾和易燃易爆环境下的应急切割技术进行了探索，对应急切割所需的设备类型、工作压力、穿透性进行了实验研究；瑞典 CCS 公司和瑞典救援局联合研制了超高压细水雾切割灭火系统，实现在事故救援中切割建筑物墙体、钢板，并且不会引起火星等点火源，避免爆炸、火灾的发生，同时水的引入能够有效降低环境温度，为后期的人员救援提供了极大的便利；加拿大拓纳多特车公司专门针对复杂的地下环境开发了基于射流技术的无损挖掘设备，确保了施工过程中不伤害地下管线，有效提高了工作效率，缩短了施工时间，有效防止了二次事故的发生；李晓红课题组研制开发了水力挤注式磨料水射流设备，可用于灾难事故救援、煤矿井下设备的维护以及简单的破拆工作。这些设备既有大型的切割、挖掘设备，又有便携式的小型射流破拆设备，为复杂事故环境中的应急抢修工作提供了新的思路。

水射流技术的清洗、切割和破拆功能在军事领域都有应用。水射流清洗的主要特点是不污染环境，适应狭窄空间，易于实现机械化、自动化。在储罐、管线、车辆、飞机、舰船等设施设备的清洗中，大量采用水射流技术。在防化作业的洗消环节也应用了水射流技术，并研制了相应的设备，例如，用于核事故现场近地表环境中非固定放射性粉尘及颗粒的压制、清除等作业的某型喷洒作业车，其主要作业方式是通过喷射去污剂快速压制放射性污染，洗消装甲运兵车放射性污染等。采用高压水射流对装备进行放射性污染洗消，可有效地降低放射性污染水平，在条件成熟的情况下，残留的放射性污染水平可低于可检测水平。水射流技术在放射性核污染以及化学污染洗消方面具有很大的潜力，在军事上具有良好的应用前景。

(a)矿用高压水射流装置

(b)超高压细水雾切割灭火系统

(c)无损挖掘设备

(d)水力挤注式磨料水射流装置

图1.4　基于射流技术的抢修设备

射流技术基于其冷态切割的特性，已经被用于核设施放射性废料的切割、生物化学武器的销毁、海军废旧弹药的处理等领域。在航空、军工、半导体等高精度材料的加工，一些特殊场所的破岩和清障，以及机场跑道除胶和标线清除方面也开始广泛应用射流技术。在应急抢修领域中，现有切割装置在普通环境的事故救援实践中多次得到了检验，但油气场所等危险环境下的应急切割装置还存在缺陷，特别是在油气环境下对切割装置的要求更高。

1.3 油气环境下应急切割存在的问题

磨料水射流技术研究的兴起使得该技术在石油与天然气工程领域的应用范围逐渐拓宽。相比于清洗、除锈、钻井和喷砂射孔等领域，磨料水射流技术在地面工程中的应用较少，对磨料水射流切割输油管道的研究主要处于科学研究阶段，鲜有关于磨料水射流在易燃易爆环境下的实际切割案例分析，这就使得管道修护人员使用磨料水射流应急切割装置时缺乏参考和依据，给切割操作的顺利实施带来了不确定性。经过详细分析对比发现，油气环境下的磨料水射流切割仍然存在以下主要问题。

①前期研发的磨料水射流应急切割装置有待进一步改进。磨料水射流喷嘴磨损严重，而且磨料水射流应急切割装置存在供料不稳定的问题，这两个问题直接影响着切割工作的稳定性和可靠性。

②磨料水射流切割管道过程属于微观高速冲蚀过程，其机理十分复杂，在切割机理不够明确的情况下很难对磨料水射流冲蚀运动过程和材料切割过程进行深入理解及有效控制。

③磨料水射流切割参数选定缺乏定量指导。磨料水射流切割过程的影响因素众多，不同材料的影响因素规律存在差异。目前，仍然缺乏关于输油管道的切割参数影响规律研究，切割参数的选择高度依赖操作者经验，不利于切割过程的精确控制。

④对于实际抢修环境中的切割方案考虑不足，使得利用磨料水射流在油气环境中实施切割缺乏依据和参考。

以上问题严重制约着磨料水射流技术在应急切割中的应用，因此，有必要围绕以上问题开展进一步的研究。

针对这些问题，本书将在模拟油气环境下研究管道切割的安全性，分析油库输油管道切割的技术指标及经济性指标，并对磨料水射流切割输油管道时的供水、供电及磨料保障方案进行说明。通过这些研究，为切割输油管道的实际操作提供指导。理论上，本书的研究将深化和丰富对磨料水射流切割过程的认识；工程应用中，本书的研究能够为磨料水射流切割油气设备过程的精确控制提供技术支持。

1.4 本书的内容安排

本书以油气环境下的应急抢修需求为背景，以高压水射流理论与技术为基础，研究油气环境磨料水射流应急切割技术及其应用。通过水射流流场分析、理论建模、实验研究、方案设计和装置应用等技术手段，综合系统工程和工学等多学科研究方法，对磨料水射流应急切割装置的研制、应用、发展、优化和操作等内容进行研究。本书主要研究内容如下。

(1) 磨料水射流流场分析及冲蚀磨损研究

通过理论分析和数值仿真相结合的研究方法，交叉运用多相流体动力学、有限元理论、材料损伤动力学等知识，对磨料水射流切割金属材料的过程、机理和参数影响规律进行研究。

(2) 磨料水射流钻孔及切割机理研究

通过实验观测磨料水射流进行钻孔及切割后的材料损伤特征，对射流钻孔及切割过程中的运动特征进行仿真分析，综合材料损伤形貌及射流运动特征，定量分析钻孔及切割过程中材料冲蚀损伤失效机理。

(3) 磨料水射流应急切割装置关键技术指标研究

构建实验台架并开展实验。对射流切割的工作压力、切割速度、靶距和切割角度等重要参数进行研究，通过数值模拟与仿真对喷嘴进行优化设计，依据实验数据，对照油气环境射流切割装置基本要求，综合考虑各种因素，得到射流切割装置的关键技术指标，为装置方案设计提供数据支撑。

(4)磨料水射流应急切割装置总体方案研究

研究不同环境下装置方案的选择依据和标准。针对油气环境下应急切割装置的特殊性,提出基于射流技术的切割装置发展思路,如模块化、多功能等,设计部分典型切割装置方案,结合其他不同工作场景,构建一套射流装置的总体方案。

(5)开展油气环境下磨料水射流应急切割装置应用研究

不同抢险环境对射流的压力、功率、介质等具有不同要求,主要针对油气环境的特点,运用现有的建模理论和方法,紧贴油气环境应急切割需求,开展操作参数优化和应用研究,进行射流切割技术指标分析,开展油气环境下切割装置应用研究。

第2章　磨料水射流流场及材料冲蚀失效模型

对磨料水射流喷嘴磨损以及磨料水射流冲蚀过程的研究涉及多相流体动力学和材料损伤动力学等知识。由于前混合磨料水射流中包括磨料颗粒和水，属于固液两相流，因此，本章将对固液两相流理论和材料失效理论展开分析，建立磨料水射流运动控制方程，确定材料本构模型，并对其求解方法进行分析。在此基础上，分析磨料水射流喷嘴磨损及冲蚀材料失效过程的仿真方法，对喷嘴结构进行数值仿真，对比不同喷嘴结构的流场特性，获取适用于切割的喷嘴设计原则。

2.1　磨料水射流运动控制方程

固液两相流属于多相流体力学的分支，工业生产和生活中的很多问题都可以归结为固液两相流问题，如泥浆泵输过程以及河水冲刷河床泥沙过程。虽然人们很早就开始了对固液两相流动过程的研究，但由于固液两相运动的复杂性，仍然有很多问题有待解决。目前，对固液两相流的研究除了基于连续性假设的欧拉-欧拉方法和欧拉-拉格朗日方法，还有微观的分子动力学方法。其中，欧拉-欧拉方法是在欧拉坐标系下将水和固体都当成连续相处理，而欧拉-拉格朗日方法则是在欧拉坐标系和拉格朗日坐标系下将水和磨料分别当成连续相和离散相处理，两种方法的应用都比分子动力学方法成熟和广泛。本书根据这两种方法分别建立磨料水射流运动的双流体模型控制方程和离散相模型控制方程。

2.1.1 双流体模型控制方程

利用欧拉-欧拉方法分析磨料水射流流场时,磨料和水都需要满足质量守恒和动量守恒原理,并基于此构建磨料水射流运动控制方程。

在由 n 相构成的流体中,每一相都满足如下连续性方程和动量守恒方程:

$$\frac{\partial}{\partial t}(C_i\rho_i)+\nabla\cdot(C_i\rho_i\vec{u}_i)=\sum_{i=1}^{n}\dot{m}_{ji}+S_i \tag{2.1}$$

$$\frac{\partial(C_i\rho_i\vec{u}_i)}{\partial t}+\nabla\cdot(C_i\rho_i\vec{u}_i\vec{u}_i)=-C_i\nabla P_i+\nabla\cdot\bar{\bar{\tau}}_i+\sum_{j=1}^{n}(\vec{R}_{ji}+\dot{m}_{ji}\vec{u}_{ji})+C_i\rho_i\vec{F}_i \tag{2.2}$$

式(2.1)和式(2.2)中,C_i、ρ_i、$\vec{u}_i$、$\dot{m}_{ji}$、S_i、P_i、$\bar{\bar{\tau}}_i$、$\vec{R}_{ji}$、$\vec{u}_{ji}$ 分别指 n 相流体中 i 相的体积分数、密度、速度、相间质量传递、源相、压力、压力应变张量、相间作用力、相间速度。式(2.2)中,$\vec{F}_i$ 表示 i 相受到的外部体积力、升力和附加质量力的合力。

对于式(2.2),其中的压力应变张量、相间作用力的表达式为:

$$\bar{\bar{\tau}}_i=C_i\mu_i(\nabla\vec{u}_i\ \nabla\vec{u}_i^{\mathrm{T}})+C_i\left(\lambda_i-\frac{2}{3}\mu_i\right)\nabla\cdot\vec{u}_i\bar{\bar{I}} \tag{2.3}$$

$$\sum_{j=1}^{n}\vec{R}_{ji}=\sum_{j=1}^{n}K_{ji}(\vec{u}_j-\vec{u}_i) \tag{2.4}$$

式(2.3)和式(2.4)中,μ_i 和 λ_i 分别表示 i 相的动力黏度和体积黏度,K_{ji} 为相间动量交换系数且满足 $K_{ji}=K_{ij}$。

对于磨料水射流而言,当不考虑水和磨料的可压缩性及其之间的质量交换,也不考虑源项的存在,且外部体积力只有重力时,可对式(2.1)和式(2.2)进行简化,并得到磨料水射流的双流体模型运动控制方程,如下所示。

水和磨料的连续性方程:

$$\nabla\vec{u}_{\mathrm{L}}=0 \tag{2.5}$$

$$\nabla\vec{u}_{\mathrm{P}}=0 \tag{2.6}$$

水和磨料的动量守恒方程：

$$\begin{aligned}&\frac{\partial}{\partial t}(\rho_{\mathrm{L}}\vec{u}_{\mathrm{L}})+\nabla\cdot(\rho_{\mathrm{L}}\vec{u}_{\mathrm{L}}\vec{u}_{\mathrm{L}})=-\nabla P_{\mathrm{L}}+\mu_{\mathrm{L}}\ \nabla\cdot\left(\nabla\vec{u}_{\mathrm{L}}+\nabla\vec{u}_{\mathrm{L}}{}^{\mathrm{T}}-\frac{2}{3}\nabla\cdot\vec{u}_{\mathrm{L}}\bar{\bar{I}}\right)+\\&K_{\mathrm{LP}}(\vec{u}_{\mathrm{P}}-\vec{u}_{\mathrm{L}})/C_{\mathrm{L}}+\rho_{\mathrm{L}}\vec{g}+0.5\rho_{\mathrm{P}}\left[\left(\frac{\mathrm{d}\vec{u}_{\mathrm{P}}}{\mathrm{d}t}-\frac{\mathrm{d}\vec{u}_{\mathrm{L}}}{\mathrm{d}t}\right)-|\vec{u}_{\mathrm{P}}-\vec{u}_{\mathrm{L}}|\times(\nabla\times\vec{u}_{\mathrm{P}})\right]\end{aligned} \tag{2.7}$$

$$\begin{aligned}&\frac{\partial}{\partial t}(C_{\mathrm{P}}\rho_{\mathrm{P}}\vec{u}_{\mathrm{P}})+\nabla\cdot(\rho_{\mathrm{P}}\vec{u}_{\mathrm{P}}\vec{u}_{\mathrm{P}})=-\nabla P_{\mathrm{P}}+\mu_{\mathrm{P}}\ \nabla\cdot\left(\nabla\vec{u}_{\mathrm{P}}+\nabla\vec{u}_{\mathrm{P}}{}^{\mathrm{T}}-\frac{2}{3}\nabla\cdot\vec{u}_{\mathrm{P}}\bar{\bar{I}}\right)+\\&K_{\mathrm{LP}}(\vec{u}_{\mathrm{L}}-\vec{u}_{\mathrm{P}})/C_{\mathrm{P}}+\rho_{\mathrm{P}}\vec{g}+0.5\rho_{\mathrm{L}}\left[\left(\frac{\mathrm{d}\vec{u}_{\mathrm{L}}}{\mathrm{d}t}-\frac{\mathrm{d}\vec{u}_{\mathrm{P}}}{\mathrm{d}t}\right)-|\vec{u}_{\mathrm{L}}-\vec{u}_{\mathrm{P}}|\times(\nabla\times\vec{u}_{\mathrm{L}})\right]\end{aligned} \tag{2.8}$$

式(2.5)—式(2.8)中，下标 L 和 P 分别表示与水和磨料相关的物理量，其中水相和磨料相的静压相等，即 $P_{\mathrm{L}}=P_{\mathrm{P}}$，其他相应物理量的含义如上所示，而 $\bar{\bar{I}}$ 表示单位张量，$\vec{g}$ 表示重力加速度。

通过以上分析，得到了磨料水射流双流体模型控制方程。由于水和磨料都作为连续相处理，因此，根据双流体模型可以得到水和磨料在流场任意位置的运动信息。

2.1.2　离散相模型控制方程

与欧拉-欧拉方法不同，欧拉-拉格朗日方法是将液体作为连续相进行处理，而固体颗粒作为离散相进行处理。建立磨料水射流的离散相模型时，水仍然满足欧拉坐标系中的连续性方程和动量守恒方程，如式(2.5)和式(2.7)所示，而磨料颗粒的运动规律则受牛顿第二定律支配。

为了建立磨料颗粒的运动控制方程，需要对磨料颗粒进行受力分析。由于在磨料水射流中，磨料颗粒的体积浓度较低，因此，可以忽略磨料颗粒之间的作用力以及磨料对水的影响。但即便如此，磨料颗粒的受力仍然十分复杂。

根据磨料运动和受力之间的关系，可以将磨料颗粒受到的力分为三类：第一类是和磨料颗粒运动无关的力，包括磨料颗粒的重力和压差力；第二类是平行于磨料运动方向的力，包括阻力、Basset 力和附加质量力；第三类是垂直于磨料颗粒运动方向的力，包括 Magnus 力和 Saffman 力。

王明波等人对以上各种力的量级进行了比较分析。分析结果表明，磨料颗粒在喷嘴内部运动时，重力、压差力、阻力、Basset 力和附加质量力较为重要，而其他力对磨料颗粒的运动影响较小。基于这个结果，建立磨料颗粒的运动控制方程。

将磨料看作等直径小球，不考虑水和磨料的压缩性，忽略磨料颗粒之间以及磨料对水的影响，得到磨料水射流离散相模型。

水的运动控制方程为：

$$\nabla \vec{u}_{\mathrm{L}} = 0 \tag{2.9}$$

$$\frac{\partial(\rho_{\mathrm{L}}\vec{u}_{\mathrm{L}})}{\partial t} + \nabla \cdot (\rho_{\mathrm{L}}\vec{u}_{\mathrm{L}}\vec{u}_{\mathrm{L}}) = -\nabla P_{\mathrm{L}} + \rho_{\mathrm{L}}\vec{g} + \mu_{\mathrm{L}} \nabla \cdot \left((\nabla \vec{u}_{\mathrm{L}} + \nabla \vec{u}_{\mathrm{L}}^{\mathrm{T}}) - \frac{2}{3}\nabla \cdot \vec{u}_{\mathrm{L}} \bar{\bar{I}} \right) \tag{2.10}$$

磨料的运动控制方程为：

$$\begin{aligned} \frac{\rho_{\mathrm{P}}\mathrm{d}\vec{u}_{\mathrm{P}}}{\mathrm{d}t} = & \nabla P_{\mathrm{L}} + \frac{3C_D\rho_{\mathrm{L}}}{4d_{\mathrm{P}}}|\vec{u}_{\mathrm{L}} - \vec{u}_{\mathrm{P}}|(\vec{u}_{\mathrm{L}} - \vec{u}_{\mathrm{P}}) + \rho_{\mathrm{P}}\vec{g} \\ & + \frac{\rho_{\mathrm{L}}}{2}\frac{\mathrm{d}(\vec{u}_{\mathrm{L}} - \vec{u}_{\mathrm{P}})}{\mathrm{d}t} + \frac{9}{d_{\mathrm{P}}}\sqrt{\frac{\rho_{\mathrm{L}}\mu_{\mathrm{L}}}{\pi}}\int_0^t \frac{\frac{\mathrm{d}}{\mathrm{d}x}(\vec{u}_{\mathrm{P}} - \vec{u}_{\mathrm{L}})}{\sqrt{t-x}}\mathrm{d}x \end{aligned} \tag{2.11}$$

式(2.11)中，等式右侧依次为单位体积磨料颗粒受到的压差力、阻力、重力、附加质量力和 Basset 力。其中，$C_D = \frac{24}{Re}\left(1+\frac{1}{6}Re^{\frac{2}{3}}\right)$ 表示阻力系数，其他参数如前所述。

2.2　材料冲蚀失效理论及冲蚀磨损模型

磨料颗粒对输油管道及喷嘴的冲蚀过程属于材料冲蚀失效理论的研究范畴。由于磨料颗粒冲蚀材料失效过程具有高速、微观的特点,目前对该过程的研究仍然不够充分,且囿于实验手段,更多情况下是通过材料冲蚀理论对该过程进行仿真分析。

关于材料冲蚀失效的仿真研究主要有两种方法。一种方法是基于材料本构模型分析材料单元的冲击响应,并结合失效判据判别材料冲蚀损伤状态,这种方法涉及固液耦合计算,计算过程复杂且需要较多的计算机资源,一般用于材料冲蚀损伤微观响应分析。另一种方法是直接根据冲蚀磨损模型计算材料冲蚀失效的体积和质量,计算不涉及材料冲蚀过程,只能得到材料冲蚀结果。由于实际冲蚀过程中磨料颗粒运动十分复杂,因此,冲蚀磨损模型在早期主要用于材料冲蚀机理的分析,而随着计算流体力学的发展,目前已逐渐应用到材料冲蚀磨损仿真分析中。

2.2.1　金属材料本构模型及失效判据

描述不同金属材料应力应变关系的本构模型较多,选用时应该根据材料的具体属性和特点而定。针对磨料水射流冲蚀过程,前人的研究表明,材料在磨料颗粒高频高速冲蚀下的损伤不仅伴随着塑性应变,而且还会产生硬化。针对高应变率情况下金属材料的塑性硬化特征,本书选用 Cowper-Symonds 模型描述金属材料的本构关系:

$$\sigma_y=\left[1+\left(\frac{\dot{\varepsilon}}{C_m}\right)^{\frac{1}{P_m}}\right](\sigma_0+\beta E_P\varepsilon_{eff}) \tag{2.12}$$

式中,σ_y 表示动态屈服应力;$\dot{\varepsilon}$ 表示应变率;P_m 和 C_m 分别表示应变率的影响参数;σ_0 表示静态屈服应力;β 表示调整等向强化与随动强化的参数;E_P 表示塑性硬化模量;ε_{eff} 表示等效塑性应变。

为了描述金属材料的损伤失效,对于发生变形硬化的金属,设定等效失效应变作为材料的失效判据。当材料等效塑性应变大于等效失效应变时,认为单元失效。

2.2.2 材料冲蚀磨损模型

除了根据本构模型以及失效判据对材料进行多系统耦合计算,还有学者通过理论推导或者实验拟合,得到了能够直接计算材料冲蚀量的冲蚀磨损模型。

早在 20 世纪 50 年代,Finnie 就对磨料颗粒冲蚀塑性金属的过程进行了理论分析,得到了 Finnie 模型,该模型能够在 0°~45°冲蚀角范围内对磨料颗粒冲蚀材料的体积进行预测,在早期得到了广泛的应用。丁毓峰等人进行喷嘴内部碰撞冲蚀磨损仿真分析时也采用了 Finnie 模型。然而,Bitter 的研究指出 Finnie 模型中塑性金属流动应力和磨料冲蚀速度指数都与实际不符,Finnie 模型对垂直冲蚀的预测存在重大偏差。虽然 Bitter 基于能量平衡原理也得到了材料冲蚀磨损的体积模型,但是由于该模型过于复杂,而且其中切削和变形冲蚀系数需要根据实验确定,因此 Bitter 模型的使用存在较大难度。此后,Hashish 对 Finnie 的研究进行了改进,不仅修正了磨料冲蚀的速度指数,而且考虑了磨料颗粒的形状和尺寸因素,得到了 Hashish 模型,该模型能够更加准确地预测磨料颗粒的小角度冲蚀量。不仅如此,还有很多学者针对不同的冲蚀条件建立了相应的模型,如 Nsoesie 建立的小角度铝合金冲蚀模型以及 Hutchings 建立的垂直冲蚀模型等。

除以上理论模型外,也有一些模型是在大量实验的基础上通过回归分析得到的。如 Ahlert 模型以及 Tulsa 大学冲蚀/腐蚀研究中心提出的 E/CRC 模型等。

总之,自 Finnie 模型以后,众多学者分别对磨料冲蚀过程进行了研究,并提出了不同的模型。这些模型考虑了不同的影响因素,有不同的适用范围。Meng

对 Finnie 以来的 28 个冲蚀模型进行了分析,指出目前仍然没有一个能够适用于所有参数条件的全面模型,所有模型只能在某些条件下适用。针对磨料水射流喷嘴磨损而言,需要根据喷嘴内部磨料颗粒运动碰撞特征选择合适的冲蚀磨损模型。通过前期对喷嘴内部流动规律的研究表明,对于入口角度不大于 90°的锥直形前混合磨料水射流喷嘴,磨料与喷嘴内壁碰撞的角度不大于 45°,属于小角度碰撞过程。因此,本书选用 Hashish 模型对喷嘴的冲蚀磨损进行计算。Hashish 模型如式(2.13)和式(2.14)所示。

$$W = \frac{7M_{\mathrm{P}}}{\pi\rho_{\mathrm{P}}}\left(\frac{u_{\mathrm{P}}}{C_{\mathrm{k}}}\right)^{2.5}\sin(2\theta)\sqrt{\sin\theta} \tag{2.13}$$

$$C_{\mathrm{k}} = \sqrt{\frac{3\sigma_0 R_{\mathrm{f}}^{0.6}}{\rho_{\mathrm{P}}}} \tag{2.14}$$

在式(2.13)和式(2.14)中,W、M_{P}、ρ_{P}、θ、u_{P}、R_{f} 分别表示磨料的冲蚀磨损量、质量流量、密度、碰撞角度、碰撞速度和磨料颗粒的圆度,其他物理量与前文相同。C_{R} 是反映磨料本身性能的参数,与其他外界因素无关。

2.3　数值求解方法分析

通过以上分析,磨料水射流的运动控制方程和材料冲蚀的相关模型就建立了,对这些运动控制方程和模型进行求解可以得到流体流动和材料失效的相关信息。但由于偏微分方程的理论解难以获得,因此,基于计算机进行数值计算是目前的主流方法。根据数值计算思想的不同,计算方法可以分为基于网格的求解方法和无网格求解方法。

2.3.1　基于网格的求解方法

基于网格的求解方法的思路是通过划分网格实现运动控制方程或者模型的数值离散,从而将不易求解的微分方程转化为易求解的代数方程。根据方程的不同离散方法可以将求解方法分为有限差分法、有限元法和有限体积法。

(1)有限差分法

有限差分法是最早出现的一种数值求解方法,属于微分型的求解方法。该方法采用有限的差分网格节点代替连续的求解域,用节点上的函数差商代替函数的导数,实现微分方程向代数方程的转变。由于这种方法的数学原理简单,因此容易实现编程求解。

(2)有限元法

和有限差分法一样,有限元法也属于微分型的求解方法。有限元法通过将计算域划分为网格单元,并在网格单元内选择合适的节点作为插值点,将微分方程在网格单元上离散,利用网格单元上解的集合构成整个求解域的解。

(3)有限体积法

和有限差分法及有限元法不同,有限体积法属于积分型求解方法。该方法将计算域划分为网格并在网格中选取计算节点,而网格其他位置的参数由网格计算节点表示,通过将微分方程在网格体上进行积分实现向代数方程转变,从而进行求解。

有限元法和有限体积法由于离散方法不同,分别适用于求解不同的微分方程。其中,微分型的有限元方法在对固体的本构方程进行离散求解时具有相对优势,而积分型的有限体积法在对流体的运动控制方程求解时具有优势。目前,有限元方法主要用于结构力学问题求解,而有限体积法在流体仿真模拟中应用较多。

2.3.2 无网格求解方法

基于网格进行数值求解计算时,为了在欧拉坐标系中准确跟踪复杂相界面,需要划分精细的网格,因此计算过程十分耗时。而在大变形问题中,随体网格在物体发生大变形的情况下,容易产生畸变,使得离散计算发散或者结果失真。针对这种情况,有学者提出了 ALE(Arbitrary Lagrange-Euler)方法,但是

ALE 方法在计算中需要的计算资源较多,对射流喷射飞溅的复杂边界模拟仍然较为困难。为此,有学者提出利用无网格方法计算射流冲蚀过程,其中最常用的方法是光滑粒子动力学法。

SPH(Smoothed Particle Hydrodynamic)方法是一种基于拉格朗日研究思路的无网格求解方法。其计算过程中最重要的两个步骤是积分近似和粒子近似。对任意一个函数 $f(x)$,通过将该函数与狄拉克函数进行卷积能得到:

$$f(x) = \int_{\Omega} f(y)\delta(x - y)\,\mathrm{d}y \tag{2.15}$$

式(2.15)中,Ω 为 x 的积分域。由式(2.15)可以看出,借助狄拉克函数,函数 $f(x)$ 在 x 处的值可以通过函数在另外一点 y 处的值来表示。然而,狄拉克函数的光滑性较差,利用式(2.15)很难实现数值计算。为此,借用核函数 $W(x-y,h)$ 近似代替狄拉克函数 $\delta(x-y)$,此时可以将式(2.15)中的积分近似为:

$$f(x) = \int_{\Omega} f(y)\delta(x - y)\,\mathrm{d}y = \int_{\Omega} f(y)W(x - y,h)\,\mathrm{d}y \tag{2.16}$$

在 SPH 方法中,核函数 $W(x-y,h)$ 具备以下三个性质:

①归一性:
$$\int_{\Omega} W(x - y,h)\,\mathrm{d}y = 1 \tag{2.17}$$

②狄拉克函数性:
$$\lim_{h\to 0} W(x-y,h) = \delta(x-y) \tag{2.18}$$

③紧支性:
$$W(x-y,h)\,\mathrm{d}y = 0,\ |x-y| > kh(k\ \text{为常数}) \tag{2.19}$$

根据核函数的三个性质,可以得到:

$$\begin{aligned}\int_{\Omega} f(y)W(x - y,h)\,\mathrm{d}y &= \sum_{j=1}^{N} f(x_j)W(x - x_j,h_i)\Delta V_j \\ &= \sum_{j=1}^{N} \frac{m_j}{\rho_j} f(x_j)W(x - x_j,h_i)\end{aligned} \tag{2.20}$$

式中,m_j 为粒子点 j 的质量,ρ_j 为粒子点 j 的密度。

由此,实现了函数 $f(x)$ 积分近似向粒子近似的转换。

如图 2.1 所示,函数 $f(x)$ 在粒子点 i 处的值可以通过函数 $f(x)$ 在积分域 Ω 内其他各粒子点处的值来表达:

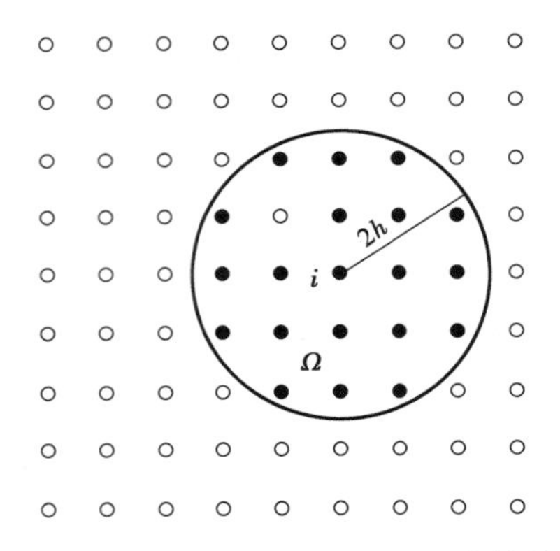

图 2.1　粒子 i 处半径为 $2h$ 的支持域

$$f(x_i)=\sum_{j=1}^{N}\frac{m_j}{\rho_i}f(x_j)W(x_i-x_j,h) \tag{2.21}$$

将式(2.21)用于运动控制方程场变量的微分方程中时,就实现了微分方程的粒子化离散。由于 SPH 方法的数值离散求解过程与网格无关,因此,在大变形问题和具有复杂相界面的多相流问题求解中具有独特的适用性。

2.4　磨料水射流喷嘴磨损及冲蚀材料失效仿真方法分析

通过以上分析,磨料水射流运动控制方程、材料本构模型和材料冲蚀磨损模型就得到了,同时,以上分析还对这些方程的数值求解方法进行了介绍。以此为基础,本小节将对磨料水射流喷嘴磨损以及磨料水射流冲蚀材料失效过程进行仿真研究。

2.4.1　喷嘴磨损仿真研究方法分析

如图 2.2 所示,将磨料颗粒简化成半径为 r_P 的球体,此时单个磨料颗粒的质量为 $m_P=\dfrac{4}{3}\pi r_P^3\rho_P$。由 Hashish 模型可得,单个磨料颗粒的冲蚀磨损量

W_P 为：

$$W_P = \frac{28}{3} r_P^3 \left(\frac{u_P}{\sqrt{\frac{3\sigma R_f^{0.6}}{\rho_P}}} \right)^{2.5} \sin(2\theta)\sqrt{\sin\theta} \tag{2.22}$$

式中，σ 为喷嘴材料的塑性流动应力，其他各参数的意义如前所述。

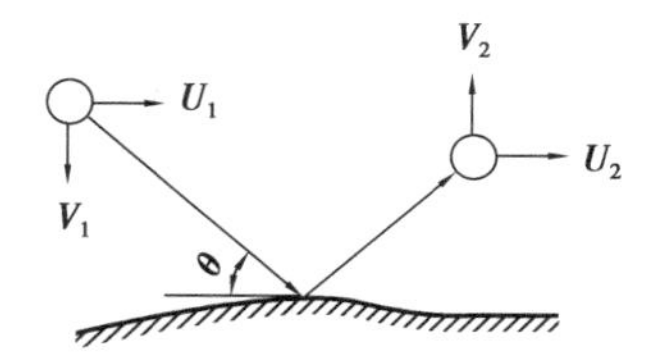

图 2.2　磨料颗粒碰撞过程

采用 Grant 弹性恢复系数描述磨料颗粒碰撞前后的速度变化特征。法向弹性恢复系数 e_n 和切向弹性恢复系数 e_t 可表示为：

$$e_n = \frac{v_2}{v_1} = 0.993 - 3.072 \times 10^{-2}\theta + 4.752 \times 10^{-4}\theta^2 - 2.605 \times 10^{-6}\theta^3 \tag{2.23}$$

$$e_t = \frac{u_2}{u_1} = 0.988 - 2.897 \times 10^{-2}\theta + 6.427 \times 10^{-4}\theta^2 - 3.562 \times 10^{-6}\theta^3 \tag{2.24}$$

式(2.23)和式(2.24)中，v_1、v_2、u_1、u_2 分别表示碰撞前后磨料颗粒的法向速度和切向速度，如图 2.2 所示。

仿真基于 Fluent 流体计算软件进行：首先基于离散相模型求解单个磨料颗粒的运动信息，然后结合单个磨料颗粒的冲蚀磨损模型对喷嘴磨损进行分析。

2.4.2　磨料水射流冲蚀材料失效仿真研究方法分析

由于磨料水射流束在切割时存在较大的变形，因此，采用 SPH 法对水和磨料进行建模时，SPH 粒子的运动除了要满足连续性方程和动量守恒方程外，还应满足能量守恒方程。在建立磨料水射流的 SPH 粒子运动控制方程时，式(2.21)中的函数 $f(x)$ 分别表示密度、速度和能量等场变量。根据式(2.21)，将粒子点 i 处的密度、速度和能量用支持域 Ω 内其他各粒子点处的相应场变量值表达,再通过对时间进行微分,就能得到粒子点 i 处离散化的连续性方程、动量方程和能量方程。由此,就实现了将连续的场变量通过 SPH 粒子点进行离散化的过程。表达式如下所示:

$$\frac{\mathrm{d}\rho_i}{\mathrm{d}t} = \sum_{j=1}^{N} m_j(v_i - v_j) \nabla_i W(x_i - x_j, h) \tag{2.25}$$

$$\frac{\mathrm{d}v_i}{\mathrm{d}t} = \sum_{j=1}^{N} m_j\left(\frac{p_i}{\rho_i^2} + \frac{p_j}{\rho_j^2} + \prod_{ij}\right) \nabla_i W(x_i - x_j, h) \tag{2.26}$$

$$\frac{\mathrm{d}e_i}{\mathrm{d}t} = \frac{1}{2}\sum_{j=1}^{N} m_j\left(\frac{p_i}{\rho_i^2} + \frac{p_j}{\rho_j^2} + \prod_{ij}\right) v_{ij} \nabla_i W(x_i - x_j, h) \tag{2.27}$$

式(2.26)和式(2.27)中,e_i 表示粒子点 i 处单位体积的内能,$v_{ij}=v_i-v_j$。$\prod_{ij}$ 为人工黏度,它的引入是为防止粒子相互接近时的非物理穿透,并不代表真实的物理黏度,式中其他物理量的意义如前所述。

利用 SPH 方法计算材料冲蚀破坏失效信息时,需要根据磨料水射流的材料本构模型计算射流内的压力。计算过程中,将水定义为 NULL 材料,采用 Mie-Grüneisen 状态方程定义水的属性:

$$P_{\mathrm{L}} = \frac{\rho_{\mathrm{L}} {C_0}^2 \mu_{\mathrm{L}}\left[1+\left(1-\frac{\gamma_0}{2}\right)\mu_{\mathrm{L}}-\frac{\alpha}{2}\mu_{\mathrm{L}}^2\right]}{\left[1-(S_1-1)\mu_{\mathrm{L}}-S_2\frac{\mu_{\mathrm{L}}^2}{\mu_{\mathrm{L}}+1}-S_3\frac{\mu_{\mathrm{L}}^3}{(\mu+1)^2}\right]^2}+(\gamma_0+\alpha\mu_{\mathrm{L}})E \tag{2.28}$$

式(2.28)中,P_{L} 和 E 分别表示水的压力和初始体积内能,其他各参数的物理意义及具体数值如表 2.1 所示。

表 2.1　水的 Mie-Grüneisen 状态方程参数

参　数	数　值
声速 $C_0/(\mathrm{m \cdot s^{-1}})$	1 480
Grüneisen 系数 γ_0	0.493 4
体积修正系数 α	1.397
拟合系数 S_1	2.56
拟合系数 S_2	-1.986

续表

参　数	数　值
拟合系数 S_3	0.226 8
水的密度 ρ_L/(kg · m^{-3})	1 000
水的动力黏度 μ_L/(Pa · s)	1.005×10^{-3}

磨料颗粒为棕刚玉,采用 * MAT_ELASTIC 线弹性材料模型反映其属性。磨料属性参数设置如表 2.2 所示。

表 2.2　磨料属性

参　数	数　值
密度/(kg · m^{-3})	3 970
弹性模量/GPa	450
泊松比	0.25

由于磨料和水具有不同的材料特性,因此本书采用 MATLAB 软件编程实现两种 SPH 粒子的空间均匀分布,其中磨料颗粒的数量由其体积浓度和总的 SPH 粒子数决定。由于金属材料属于非线性塑性硬化体,因此,采用塑性硬化模型定义靶体金属材料,采用 Cowper-Symonds 模型描述金属材料的本构关系。为了捕捉靶体材料的变形,采用有限元方法求解靶体本构模型。本书采用 Ansys LS-DYNA 软件计算磨料水射流冲蚀过程,采用 SPH 方法计算磨料水射流运动信息,通过 LS-DYNA 中的 eroding_nodes_to_surface 接触算法实现与材料的耦合计算。

SPH 粒子与 FEM 单元的耦合流程如图 2.3 所示。

如图 2.3 所示,根据材料的本构模型对材料发生变形时内部不同点处的应力与等效塑性应变进行计算。针对 Cowper-Symonds 模型所描述的本构关系,本书采用等效塑性应变失效判据,当材料等效塑性应变超过设定的失效应变时,认为材料单元失效。通过单元生死技术,失效单元不再参与计算,并在后处理中不显示失效单元,由此实现对磨料水射流冲蚀材料失效过程的仿真。

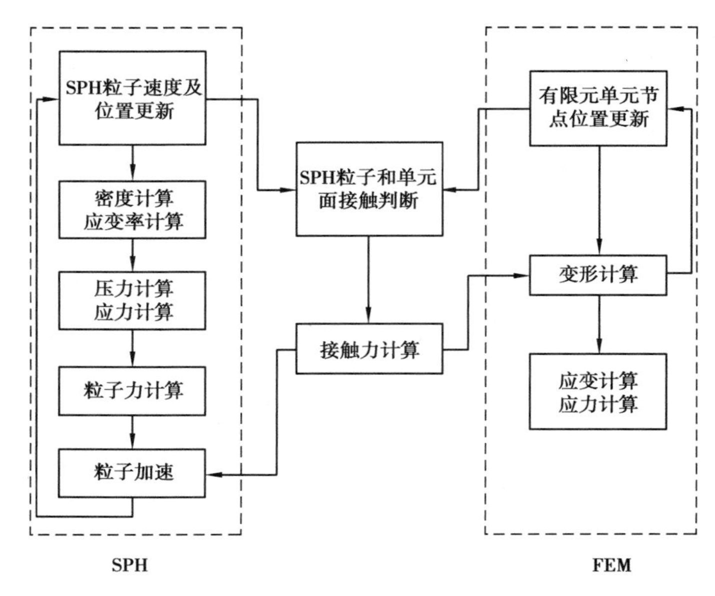

图 2.3　SPH 粒子与 FEM 单元的耦合流程

2.5　喷嘴选择与优化设计

喷嘴是高压水射流设备的关键执行机构,其结构直接影响整个设备的作业效果。研究者往往对高压泵和增压装置的性能投入了大量的资源进行研究,然而喷嘴由于其结构简单、价格低廉而容易被人忽视。相同参数下,性能良好、材料适宜并且与主机匹配的喷嘴,能够极大地提升水射流的工作效率;反之,如果喷嘴选型不符合要求,必然造成严重磨损,效率低下,切割过程中需要及时更换喷嘴。喷嘴是影响射流切割效果和成本的重要内容,需要引起重视。本书通过对喷嘴内部及出口附近的流场进行数值模拟,研究了几种常见喷嘴的速度场和湍流度,希望找出冲击力更强、磨损更小的喷嘴结构,为提升高压水射流设备的工作效率提供帮助。

2.5.1　物理模型

(1)不同喷嘴结构的物理模型

根据水射流设备的常用喷嘴分类,本书针对四种喷嘴结构进行了研究,分别是锥柱形、锥形、圆柱形和流线型,其物理模型如图 2.4 所示。

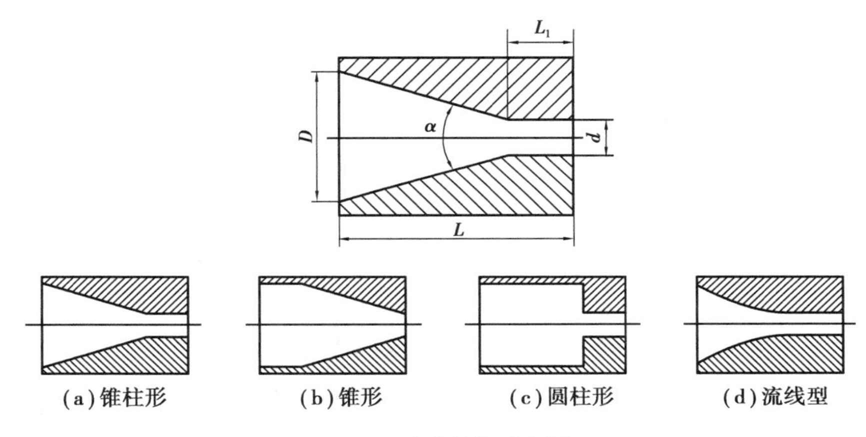

图 2.4　喷嘴结构示意图

以最常见的锥柱形喷嘴结构为基础,通过查阅资料和实际对比,获取了射流常用喷嘴尺寸,不同类型喷嘴结构的具体尺寸如表 2.3 所示。

表 2.3　不同喷嘴结构的尺寸

序　号	喷嘴结构	总长度 L /mm	圆柱段长度 L_1 /mm	内径 D /mm	内径 d /mm	收缩角度 α/(°)
1	锥柱形	20	5	3	1	22.6
2	锥形	20	0	3	1	22.6
3	圆柱形	20	5	3	1	—
4	流线型	20	5	3	1	—

(2)靶距选择

根据靶距与打击力的关系,距离喷嘴一定距离时,打击力达到最大值,然后靶距继续增加，打击力逐渐减弱。不同用途的射流靶距选择差异较大，射流冲洗相比射流切割破拆所需靶距更大。射流打击力靶距的衰减曲线经验公式如式(2.29)所示：

$$p_{\mathrm{im}}=389\cdot \mathrm{e}^{-0.0165s} \tag{2.29}$$

式中，p_{im} 和 s 分别表示射流打击力和靶距，单位分别为 MPa 和 mm。为了便于对比分析，本书将不同结构的喷嘴靶距统一设置为 40 mm，这个距离处于最大打击力的有效靶距范围内。

2.5.2 数学模型

(1)湍流模型

根据射流流场特性，本书选用标准 k-ε 模型进行数值模拟。标准 k-ε 模型通过求解湍流能量输运方程(k)和能量耗散输运方程(ε)，计算湍动能和耗散率，然后运用 Boussinesq 方程求出方程组的解，计算方程如下所示。

①湍流能量输运方程：

$$\frac{\partial(\rho k)}{\partial t}+\frac{\partial(\rho u_i k)}{\partial x_i}=\frac{\partial}{\partial x_j}\left[\left(\mu+\frac{\mu_\tau}{\sigma_{\mathrm{k}}}\right)\frac{\partial k}{\partial x_j}\right]+G_{\mathrm{k}}+G_{\mathrm{b}}-\rho\varepsilon-Y_{\mathrm{M}}+S_{\mathrm{k}} \tag{2.30}$$

②能量耗散输运方程：

$$\frac{\partial(\rho \varepsilon)}{\partial t}+\frac{\partial(\rho u_i \varepsilon)}{\partial x_i}=\frac{\partial}{\partial x_j}\left[\left(\mu+\frac{\mu_\tau}{\sigma_{\varepsilon}}\right)\frac{\partial \varepsilon}{\partial x_j}\right]+C_{1\varepsilon}\frac{\varepsilon}{k}(G_{\mathrm{k}}-C_{3\varepsilon}G_{\mathrm{b}})-C_{2\varepsilon}\rho\frac{\varepsilon^2}{k}+S_{\varepsilon} \tag{2.31}$$

式(2.30)—式(2.31)中，G_{k} 表示由速度梯度引起的湍动能，G_{b} 表示由浮力引起的湍动能，Y_{M} 表示由可压缩湍流扩散引起的波动，$G_{1\varepsilon}$，$G_{2\varepsilon}$ 和 $G_{3\varepsilon}$ 为经验常数，σ_{k} 和 σ_{ε} 是 k 的普朗特数和 ε 的普朗特数，S_{k} 和 S_{ε} 是源项。

(2)射流流动分析

喷嘴结构对喷嘴性能具有决定性作用，喷嘴在收缩段的内部流动是能量转化的关键，内部流动核心区位于喷嘴轴线附近位置，流动速度大而横向速度梯

度和紊流度较小,其流动控制方程如下:

$$\frac{\partial u_x}{\partial y}-\frac{\partial u_y}{\partial x}=0 \tag{2.32}$$

$$\frac{\partial(u_y y)}{\partial y}+\frac{\partial(u_x y)}{\partial x}=0 \tag{2.33}$$

式(2.32)和式(2.33)中,u_x 和 u_y 分别表示流体的 x 向速度和 y 向速度。

若定义流函数 $\psi(x,y)$,则有

$$yu_x=\frac{\partial\psi}{\partial y} \tag{2.34}$$

$$yu_y=-\frac{\partial\psi}{\partial x} \tag{2.35}$$

将式(2.32)—式(2.34)代入式(2.35)中,得到

$$\frac{\partial^2\psi}{\partial x^2}-\frac{1}{y}\frac{\partial\psi}{\partial y}+\frac{\partial^2\psi}{\partial y^2}=0 \tag{2.36}$$

通过求解式(2.36),可以计算出流体的流动情况。

(3)**能量转化模型**

通常认为,水射流的目的是破坏材料,该目的的实现则需要水射流设备将电能/化学能转化为机械能,然后以射流能的形式对材料进行作用。喷嘴是机械能转化为射流能的核心元件,为了明确能量转化效率,引入比能的概念。比能是指破坏单位体积材料所需要的能量,它体现了射流作业过程中能量的利用率,通过比能计算得到能量的损耗量,判断喷嘴的效率。射流破坏材料的比能表达式如下:

$$E=P/V \tag{2.37}$$

式(2.37)中,E 表示射流比能,单位是 J/cm^3;P 表示功率,单位是 kW;V 表示单位时间内破坏的材料量,单位是 cm^3。

单位时间内射流破坏的材料量取决于切割深度、宽度以及相对位移速度。单位时间内破坏的材料量可用下式表示:

$$v = hwm \tag{2.38}$$

式(2.38)中,v 和 h 分别代表材料切割速度和切割深度;w 和 m 分别代表切割宽度和单位时间切割长度。

高压水从泵排出后,经管线到喷嘴射流,由于水力摩阻的作用,其能量损失了接近一半,也就意味着为了提高效率,需要对喷嘴的直径和流量系数提出一定的要求,可以通过计算得到喷嘴处的射流压力。根据常用的磨料水射流切割金属的压力设置,此处统一设置为 30 MPa。根据实际测量,破坏材料的有效能量约占全部能量的 1/8。因此,改进高压水射流设备、提高射流有用功率是研究人员的重要工作。其中,喷嘴结构对射流比能具有重要的作用,通过喷嘴的优化能够大大提升整个水射流设备的效果。

2.5.3　网格划分及边界条件设置

(1)网格划分

分析流场的结构与形状,对喷嘴内部及受影响区域设定为模拟区域,对设定的物理区域进行网格划分,通过线路加密的方式对喷嘴内部和附近压力变化剧烈的区域进行网格加密处理,并进行了网格无关性验证,保证模拟过程的连续性和可靠性。为了便于计算,根据流场的对称性,运用网格分布进行对称计算,实现网格优化,减少计算量。锥柱形喷嘴网格划分如图 2.5 所示,其他结构的网格划分与之类似。

(2)边界条件

喷嘴入口边界条件设置为压力入口,压力为 30 MPa;喷嘴壁面设置为绝热无滑移条件;出口边界设置为自由出流;温度设置为 20 ℃;中间黄线分界线设置为对称条件,有效减少一半的计算量,节省了算力和时间;除了水下切割,普通射流切割通常在空气中进行,因此,射流切割边界设置为压力出口,压力设置为大气压。

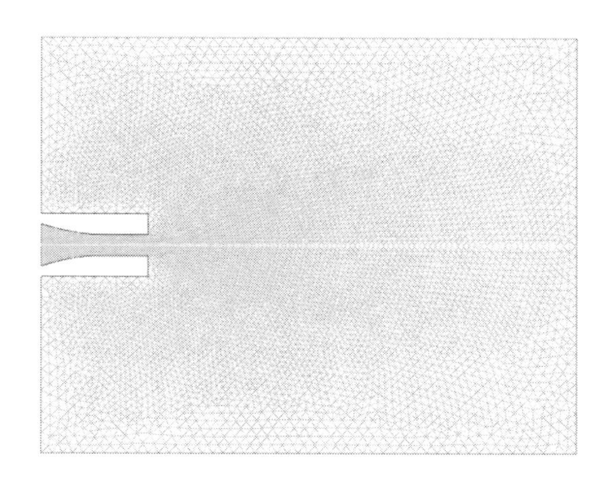

图 2.5　锥柱形喷嘴流场网格图

(3)非结构化网格计算方法

对喷嘴内部的局部网格进行处理时,由于流场变化比较大,而且结构相比于其他区域更加重要且复杂,因此需要采用三角形等非结构化网格进行加密。而与四面形等结构化网格相比,非结构化网格类型、大小都不同,排列也更加随机,给流场计算方法的使用带来了一定困难。因此,需要对非结构网格上的流场算法进行优化。

根据通用形式,得到离散的通用控制方程:

$$\frac{\partial(\rho\varphi)}{\partial t}+\mathrm{div}(\rho u\phi)=\mathrm{div}(\Gamma\mathrm{grad}\phi)+S \tag{2.39}$$

该方程属于守恒型控制方程,能在时间域上对物理空间进行积分,针对某一选定物理区域 P 积分,得到:

$$\int_{\Delta V}\frac{\partial(\rho\varphi)}{\partial t}\mathrm{d}V+\int_{\Delta V}\mathrm{div}(\rho u\phi)\,\mathrm{d}V=\int_{\Delta V}\mathrm{div}(\Gamma\mathrm{grad}\phi)\,\mathrm{d}V+\int_{\Delta V}S\mathrm{d}V \tag{2.40}$$

为了得到式(2.40)中对流项及扩散项的体积分,引入 Guass 散度定理:

$$\int_{\Delta V}\mathrm{div}(\boldsymbol{a})\,\mathrm{d}V=\int_{\Delta S}\boldsymbol{v}\cdot\boldsymbol{a}\mathrm{d}S=\int_{\Delta S}\boldsymbol{v}_i\cdot\boldsymbol{a}_i\mathrm{d}S=\int_{\Delta S}(\boldsymbol{a}_x\cdot\boldsymbol{v}_x+\boldsymbol{a}_y\cdot\boldsymbol{v}_y+\boldsymbol{a}_z\cdot\boldsymbol{v}_z)\,\mathrm{d}S \tag{2.41}$$

式(2.41)中,ΔV 为选定物理区域 P 的体积,ΔS 为区域 P 的表面积,$\boldsymbol{a}$ 为任

意矢量，$\boldsymbol{v}$ 为物理区域一表面 dS 的外法线矢量单元。将式(2.41)代入式(2.39)，经过变化，得到：

$$\int_{\Delta V}\frac{\partial(\rho\varphi)}{\partial t}\mathrm{d}V+\int_{\Delta S}\rho\phi u_i\boldsymbol{v}_i\mathrm{d}S=\int_{\Delta S}\Gamma\frac{\partial\phi}{\partial x_i}\boldsymbol{v}_i\mathrm{d}S+\int_{\Delta V}S\mathrm{d}V \tag{2.42}$$

式(2.42)中，ΔV 是物理区域中心点所在单位的体积，ΔS 是单位体积的表面积，$\boldsymbol{v}_i$ 是各边的单位法向量，$\boldsymbol{u}_i$ 是速度分量。现对式(2.42)中的各项进行讨论。

瞬态项：

$$\int_{\Delta V}\frac{\partial(\rho\varphi)}{\partial t}\mathrm{d}V=\frac{(\rho\phi)_{\mathrm{P}}-(\rho\phi)_{\mathrm{P}}^{0}}{\Delta t}\Delta V \tag{2.43}$$

式(2.43)中，含上标 0 的计算项代表上一个计算步长结果，Δt 是单个步长，ϕ_{P} 为物理区域内点 P 的变量 ϕ。

源项：

$$\int_{\Delta V}S\mathrm{d}V=S\Delta V=(S_{\mathrm{C}}+S_{\mathrm{P}}\phi_{\mathrm{P}})\Delta V=S_{\mathrm{C}}\Delta V+S_{\mathrm{P}}\phi_{\mathrm{P}}\Delta V \tag{2.44}$$

式(2.44)中引入了源项线性化的结果，这是一种常见的处理模式。

扩散项：

$$\int_{\Delta S}\Gamma\frac{\partial\phi}{\partial x_i}\boldsymbol{v}_i\mathrm{d}S=\sum_{E=1}^{N_{\mathrm{S}}}\left\{(\phi_{\mathrm{E}}-\phi_{\mathrm{P}})/\sqrt{\boldsymbol{\delta}x^2+\boldsymbol{\delta}y^2}\cdot[\Gamma(\boldsymbol{v}_x\Delta y-\boldsymbol{v}_y\Delta x)]\right\}_E+C_{\mathrm{diff}} \tag{2.45}$$

式(2.45)中，N_{S} 为物理区域 P 相邻控制区域的数量，即表面数量。变量 E 为与物理区域 P 有公共界面的相邻区域体积，符号 $\boldsymbol{v}_{\mathrm{x}}$ 和 $\boldsymbol{v}_{\mathrm{y}}$ 为相邻界面的外法线分向量，$\boldsymbol{\delta}x$ 和 $\boldsymbol{\delta}y$ 为相邻物理区域的中心点 P 到中心点 E 的矢量，C_{diff} 为相邻交界面的扩散项，当正交时可按 0 处理，当非正交时，需要专门处理。

对流项：

$$\int_{\Delta S}\rho\phi u_i\boldsymbol{v}_i\mathrm{d}S=\sum_{E=1}^{N_{\mathrm{S}}}[\rho\phi(u\Delta y-v\Delta x)]_E \tag{2.46}$$

式(2.46)中，ϕ 位于界面的值属于低阶离散格式，可以直接通过插值公式计算。

将式(2.43)—式(2.46)代入式(2.42),然后进行时间域的积分,得到了非结构网格上的离散方程:

$$a_{\mathrm{P}}\phi_{\mathrm{P}} = \sum_{E}^{N_{\mathrm{S}}} a_{\mathrm{E}}\phi_{\mathrm{E}} + b_{\mathrm{P}} \tag{2.47}$$

式(2.47)中,系数

$$a_{\mathrm{P}} = \sum_{E}^{N_{\mathrm{S}}} a_{E} + \frac{(\rho_{\mathrm{P}}\Delta V)^{0}}{\Delta t} - S_{\mathrm{P}}\Delta V \tag{2.48}$$

$$b_{\mathrm{P}} = \frac{(\rho_{\mathrm{P}}\phi_{\mathrm{P}}\Delta V)^{0}}{\Delta t} + S_{\mathrm{C}}\Delta V \tag{2.49}$$

注意,在系数 a_{P} 中,不含有 ΔF,其大小取决于对流项所使用的离散格式。基于同样的方法计算得到动量方程的速度和压力修正方程的离散形式,从而进行数值求解。

2.5.4　数值模拟结果

(1)不同位置的射流速度分布

选择距离喷嘴 10 mm,20 mm,30 mm,40 mm 的位置作对称轴垂线,分别对应由左至右的四条线 L_1,L_2,L_3,L_4,并对 4 条线上的流场数据进行记录,具体的数据采集界面如图 2.6 所示。

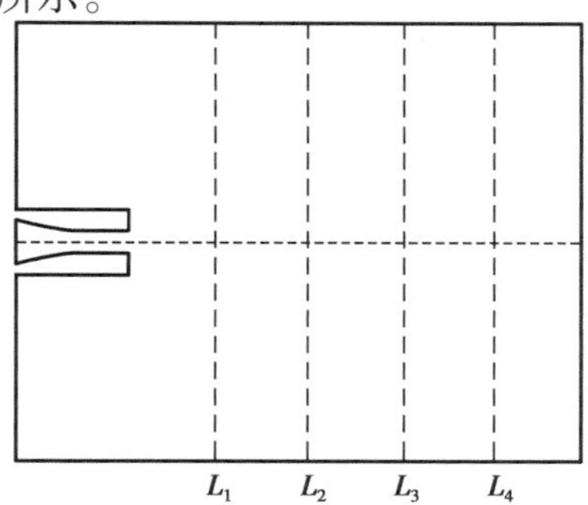

图 2.6　射流流场参数采集界面

通过模拟得到了不同位置的速度数值。锥柱形、锥形、圆柱形和流线型四种喷嘴结构的速度分布如图 2.7 所示。

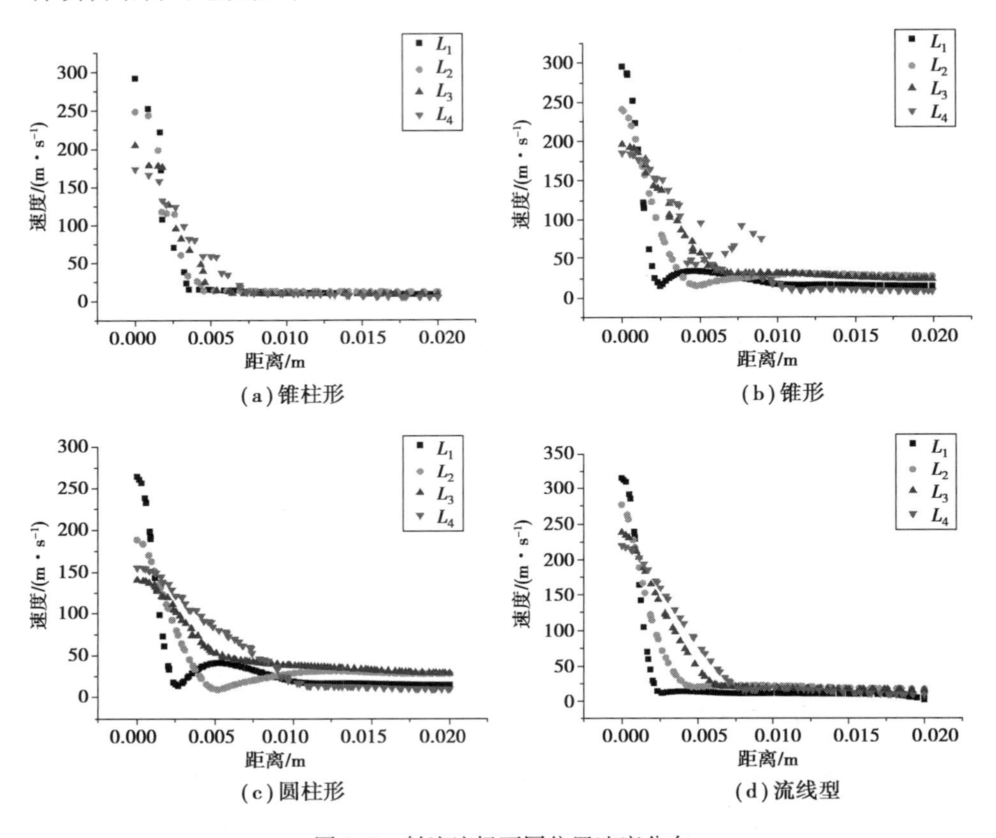

图 2.7　射流流场不同位置速度分布

从图 2.7 中可以看出,不论喷嘴结构如何,射流流场的速度具有以下规律。一是速度值随着距离的增加而不断降低。速度沿着轴线垂直方向逐渐衰落,最后趋近于最低处,不同位置的速度值差别较大,距离喷嘴最近的 L_1 线,最大速度出现在轴线位置。二是在距离喷嘴轴线 0.01 m 之外的区域,L_1—L_4 的速度分布基本趋于一致,说明射流的能量主要集中在轴线附近,对周围的破坏性很小。

同一喷嘴内部流场的速度变化也比较明显:锥柱形喷嘴流场速度分布比较杂乱,约在距离对称轴 0.015 m 的位置速度趋近于相同;锥形喷嘴流场的速度变化比较明显,特别是距离喷嘴距离最远的 L_4,在中间出现了一段突变的速度分布图,原因是锥形结构在这个位置出现了较大的湍流,影响了速度场分布;圆柱形喷嘴流场的速度没有形成平衡的尾部,出现了两种速度分布,L_1 和 L_4 的最远速度要小于 L_2 和 L_3;流线型喷嘴流场速度变化最平缓,不同位置的速度都均匀回归到最小值,同时与距离呈线性关系。

不同喷嘴结构对流场速度分布的影响主要表现在:流线型喷嘴的速度最大,达到 315 m/s,其他三种结构喷嘴的最大速度都在 300 m/s 以下,圆柱形喷嘴的最大速度仅为 264 m/s,约比相同压力下流线型喷嘴产生的最大速度低 15%,严重影响了射流的效率。图 2.7(b)和图 2.7(c)中,在 0.002 5 mm 附近,L_2 和 L_1 的速度分布分别有明显的下弯和向上部分,图 2.7(a)和图 2.7(d)中却没有这种现象,经过理论分析,认为主要原因如下:经过锥形喷嘴和圆柱形喷嘴加速的射流流束,在喷嘴出口附近会很快出现较强的湍流(可以从湍动能云图中看出),锥柱形喷嘴和流线型喷嘴产生的湍流较小,湍流大小会影响喷嘴出口处的速度变化,这也是影响喷嘴性能的重要因素。

从不同位置的速度分布情况可以得到,不同结构的喷嘴速度分布差异较大,流线型喷嘴的核心速度最大,即打击力最强,锥柱形喷嘴的打击力次之,圆柱形喷嘴和锥形喷嘴的打击效果最差。下面针对不同结构的喷嘴速度场进行具体对比。

(2)速度场分析

根据以上边界条件,使用数值仿真软件 Fluent 对四种结构喷嘴进行数值模拟,水在高压泵作用下从左侧入口处进入喷嘴,经过喷嘴的加速形成密集水流,从喷嘴出口射出,形成高压水射流。由于水与空气的密度相差较大,因此,忽略空气对喷嘴内的流体影响。不同结构喷嘴速度云图如图 2.8 所示。

从图 2.8 可以看出,速度峰值维持的距离越长,射流打击效果越好,比能消耗越小。不同喷嘴的速度场具有不同的特点,锥柱形喷嘴的速度从圆柱段左侧开始增加,延长到中部偏右,然后逐渐减少,低于流线型喷嘴结构,高于其他两种结构的喷嘴。锥形喷嘴的速度峰值出现在喷嘴出口处,与其他三种结构的喷嘴具有明显区别，这是因为锥形喷嘴没有圆柱段，水在经过喷嘴的加速后直接进入外部，没有形成一个稳定的速度场，与锥柱形和流线型喷嘴相比，有效打击距离较短，说明在射流喷嘴中圆柱段有利于提升打击效果，进而帮助降低比能。

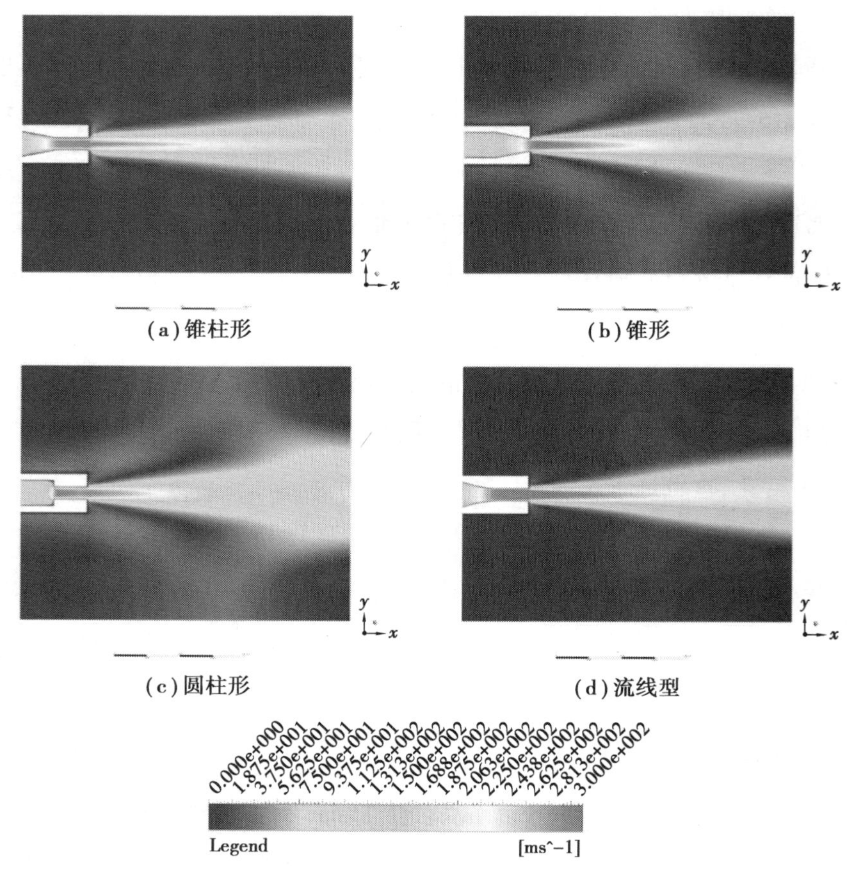

图 2.8　不同结构的喷嘴速度云图

圆柱形喷嘴是早期水射流常用的一种喷嘴，其结构较为简单，方便加工与安装，但是从模拟效果可以看出，由于圆柱段流道的突变减小，水的流速与有效打击距离都受到影响，是四种喷嘴中有效打击距离最短的，同时在尾部形成了宽状效果，直接影响了水射流的效果，因此，在实际应用中应该尽量避免使用这种结构的喷嘴。流线型喷嘴是速度最大、打击距离最远的一种喷嘴，其打击效果也是最好的，适用于切割、精加工等水射流设备，以前由于加工难度较大，成本较高，故应用并不广泛。数控机床的普及，大大降低了加工成本，流线型喷嘴的制造难题迎刃而解，应当大力推广这种喷嘴的应用。

图中射流喷嘴中心深色区域代表了水射流流场的高速位置，其长度与位置代表了喷嘴的加速性能。流线型喷嘴的加速性能最好，其次是锥柱形喷嘴和锥形喷嘴，圆柱形喷嘴的加速性能最差。这说明在流线型喷嘴结构中，流体流线比较均匀，速度损失较小，由于圆柱形喷嘴结构的影响，流体在加速过程中出现了流场的突变，造成了流速的损失。其原因是：流场受到不同结构的影响，从而对射流速度和打击力产生作用，在不同的情况下采用不同的喷嘴能够产生不同的喷射效果。结合前面的流场速度云图，选取流场中心轴处的速度值，得到不同结构的喷嘴的速度对比图。不同结构喷嘴的流场中心速度曲线如图 2.9 所示。

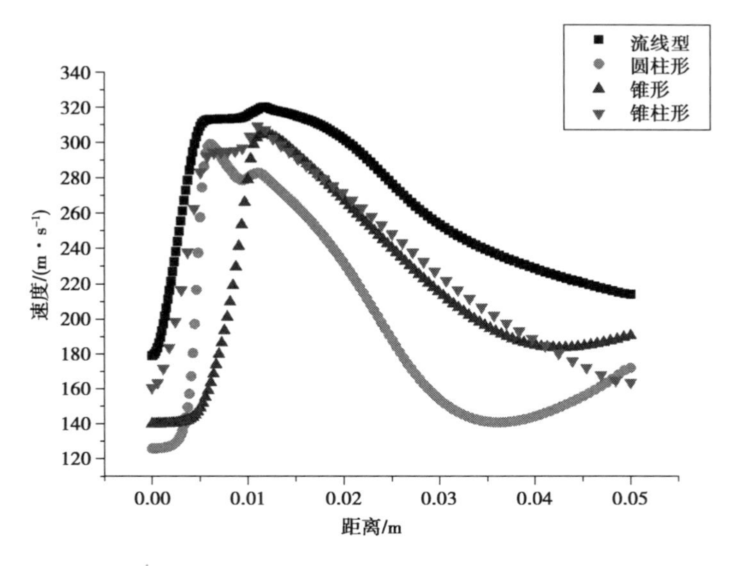

图 2.9　不同结构喷嘴的流场中心速度曲线

从图 2.9 可以看出，流线型喷嘴的速度最大，峰值最高，达到了 320 m/s，其他喷嘴均无法达到。冲击力大小与速度具有直接关系，速度越大冲击力越大，以中心速度 260 m/s 为有效打击标准，流线型喷嘴的打击距离最长，$x=0$ 为喷嘴出口处,基本上从 $x=0.002\ 5$ m 一直延伸至 0.05 m 处,充分体现了该结构喷嘴在改善射流流场、提高水射流效率方面的优势。锥柱形喷嘴的冲击力仅次于流线型喷嘴的冲击力,其速度峰值和有效打击距离也较其他两种喷嘴更佳。锥形喷嘴由于缺少圆柱段,流体速度在达到峰值后急剧下降——从峰值 300 m/s 处直接下降,缺少一段稳定的有效打击距离,影响了实际应用中的打击效果。圆柱形喷嘴的速度峰值出现在喷嘴附近,虽然数值不低,但是在出了喷嘴后就迅速下降,是四种喷嘴结构中速度峰值是最小的,同样缺少稳定的有效打击。

喷嘴内收缩段与圆柱段结合处存在局部漩涡流,会引起局部负压,使喷嘴流场特性变差,结构优化中应考虑采用光滑圆弧过渡,进一步改善流场特性;喷嘴内连续相和离散相的加速主要发生在收缩段后半段。在整个加速过程中,离散相的速度始终落后于连续相,这种速度差在收缩段内逐渐增大,在圆柱段内逐渐减小,因此,设计中可以适当增加收缩段长度。喷嘴的圆柱段长度过短时,磨料粒子得不到充分加速;过长时,会增加喷嘴的磨损和摩阻损失。因此,喷嘴的圆柱段长度存在最优设计范围。

(3)湍动能分析

由于水射流是一种完全发展的湍流,因此,在喷射过程中能量的消耗与湍动能具有很大的关系。采用 k-epsilon 湍流模型对几种结构的喷嘴进行模拟分析,得到了湍动能云图,如图 2.10 所示。

从图 2.10 可以看出,锥柱形喷嘴的湍动能从喷嘴出口两侧开始发展,与两侧的流体发生作用,逐渐扩大至中段达到最大,在湍动能增强的同时,影响范围呈线性增加,最终达到出口壁面。湍动能的核心区域基本呈梭形,由核心向周围逐渐减少,说明射流产生的能量消耗也集中在这些位置,能有效地判断出射流的能量转化程度。

锥形喷嘴的湍动能从喷嘴内部右侧开始增加,峰值出现在流体中心两侧,与锥柱形喷嘴相比,峰值延伸距离更短,位置距离喷嘴更近,说明锥形喷嘴在出口处就发生了较大的能量交换,产生了较高的湍流度,影响了水射流的密集度。

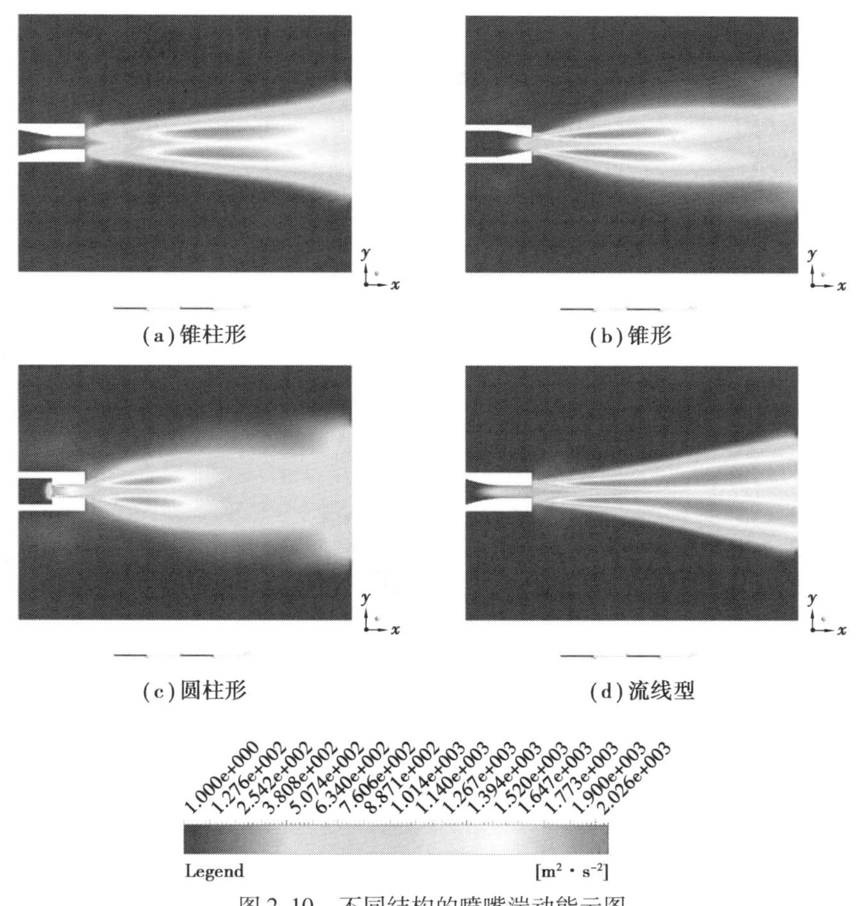

图 2.10　不同结构的喷嘴湍动能云图

造成这种情况的原因可能有以下两点：一是水从锥形喷嘴射出后沿着原角度继续加速，导致射流密集度不够；二是出口处雷诺数过高，导致湍动能提前达到高值，造成射流能量的耗散。

圆柱形喷嘴的湍动能在喷嘴内部的流道突变处就出现了，这导致水的能量大量消耗在这个位置，影响了速度的峰值。由于在喷嘴内部消耗了大量的能量，因此在喷嘴外部的湍动能较小，但这不能认为是减少了能量的消耗，只是流速较小引起的湍流能量峰值较小，整体能量消耗是最大的。

流线型喷嘴的湍动能从出口处开始增大，峰值一直延伸到尾部，同样也验证了流线型喷嘴的射流速度聚集最长，因此，其湍动能的核心区域范围最远，这说明在流线型喷嘴的射流密集度和速度保持较好，一直能够产生较大的湍动能，这也体现了流线型喷嘴的流场流动比较顺利，局部摩阻很小，能量消耗少，有利于降低高压水射流比能。不同结构喷嘴流场中心线位置湍动能曲线如图 2.11 所示。

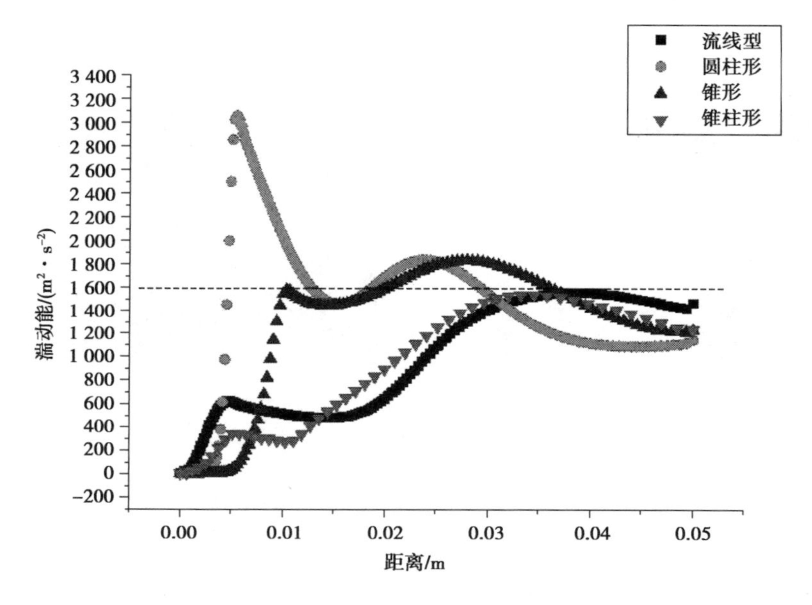

图 2.11　不同结构喷嘴流场中心线位置湍动能曲线

从图 2.11 可以看出，流线型喷嘴和锥柱形喷嘴的流场中心线处湍动能的数值更小，都在 1 600 m^2/s^2 以下，变化比较平缓，说明射流喷嘴内部的摩阻最小，在中心处的射流能量消耗较小，有利于降低水射流比能；在 $x=0$ 至 $x=0.002\ 5$ 处，锥形喷嘴和圆柱形喷嘴前段的湍动能最低，这是因为这两种喷嘴的内部前段为圆柱段，没有发生流道的变化，而从流道变化处开始，这两种喷嘴的湍动能都出现了一个飞跃，特别是圆柱形喷嘴，其内部的湍动能达到了峰值 3 055 m^2/s^2，是其他三种喷嘴的数倍，说明实际能量消耗最大，导致水射流的比能最高。

综上所述，流线型喷嘴的水流密集度最佳，射流比能低，速度峰值与有效打击距离都优于其他三种喷嘴，因此，从作用效果来看，应优先选择流线型喷嘴；锥柱形喷嘴在作用效果上略低于流线型喷嘴，但相比于锥形喷嘴和圆柱形喷嘴，它也有较大的优势。不同用途的水射流设备对喷嘴的要求也不同，在切割加工中对射流的加速性能和密集性要求较高，因此，采用流线型喷嘴和锥柱形喷嘴比较合适，应避免选择锥形喷嘴和圆柱形喷嘴。

2.5.5 喷嘴优化结果

在磨料水射流中，喷嘴作为射流发生部件起着至关重要的作用。喷嘴作为易损件，需要频繁更换。通过喷嘴的优化设计能降低喷嘴堵塞和磨损，有效提高喷嘴性能。根据前面的研究内容，通过对圆柱形、锥形、流线型和锥柱形四种喷嘴的内部流场特性进行模拟，分析喷嘴形状对流场特性和湍动能的影响，选择最优的喷嘴类型，获得了以下结论。

①四种结构的喷嘴中，流线型喷嘴的流速最高，中心线处湍动能最低，在不考虑其他因素的情况下，应当优先选择这种喷嘴；锥柱形喷嘴能兼顾效率与成本，在一般情况下，可以选择这种结构的喷嘴；锥形喷嘴和圆柱形喷嘴的射流密集度和能耗较高，应当尽量避免选择这两种喷嘴。

②射流加速过程中，喷嘴结构影响射流速度和密集程度的主要因素是流道的变化形状与圆柱段的稳定效果，流道变化符合流线型更有利于能量的转化，提高射流比能；喷嘴尾部圆柱段的主要作用是稳定射流的形态，与没有圆柱段的喷嘴相比，射流的加速性与速度峰值都更高，圆柱段的能量消耗可以忽略，设置圆柱段的喷嘴更加适用。

③要降低水射流设备的比能，即单位体积材料破坏所需要的能量，应当在能量转化的各阶段进行优化，特别是喷嘴结构的优化。由于目前实验条件的限制，还难以对几种结构喷嘴的模拟结果进行实验验证，将在以后的工作中进行重点研究。

第3章　磨料水射流切割机理

对磨料水射流冲蚀机理的研究,就是对磨料颗粒、水和被切割材料之间的相互作用关系以及引起材料失效原因的研究。对磨料水射流冲蚀机理的研究,能够解释磨料水射流切割过程表现出的各种现象和特性,有利于实现切割过程的精确控制和切割结果的准确预测。

本书利用实验室设计的前混合磨料水射流应急切割装置搭建射流切割实验系统,进行金属切割实验,分析管道切割特征。通过对材料损伤形貌分析和磨料水射流冲蚀过程进行仿真,分析材料损伤形貌的形成原因,揭示磨料水射流冲蚀材料失效的机理。

3.1　磨料水射流切割机理研究方案

3.1.1　机理研究的实验方案

对磨料水射流钻孔和切割的机理进行研究时,需要获取钻孔冲蚀坑及切缝壁面形貌特征。为了不破坏材料冲蚀损伤形貌,采用线切割方法剖分钻孔冲蚀坑和切缝。该过程如图3.1所示。

根据图3.1中的方案进行操作时,受形状和尺寸的限制,管道很难在线切割机上夹持固定,钼丝容易破坏钻孔冲蚀坑或切缝壁面形貌。不仅如此,在利用显微镜对样品进行观测并分析不同条件下的钻孔和切缝形貌特征时，需要基于冲蚀深度对观测区域的位置进行标定，但圆弧形的管壁样品使得在笛卡儿直角坐标系中进行位置标定十分不便，而在柱坐标系中分析磨料水射流的冲蚀过程又过于复杂。综合以上因素，考虑到 Q345 管道钻孔和切割的机理与 Q345 钢板的钻孔及切割机理相同，因此，在本章实验中使用 Q345 钢板代替 Q345 管道，以便于试样的获取、观测以及机理的阐述。

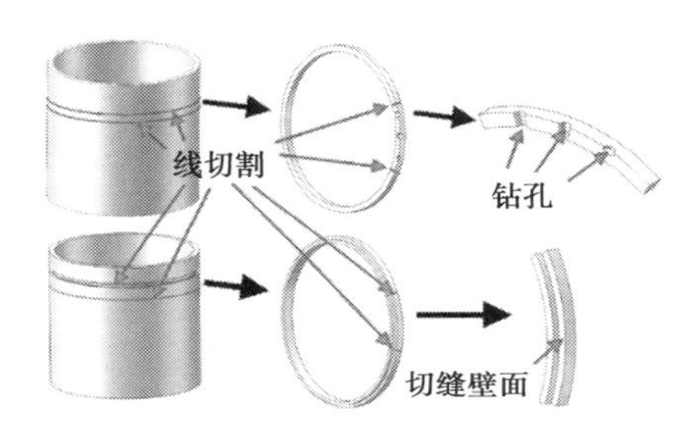

图 3.1　管道钻孔和切割样品的电火花线切割方案

首先对射流角度的含义进行阐述。定义钻孔时的射流角度为冲蚀角，定义切割时的射流角度为切割角。冲蚀角是指喷嘴在静止条件下对固定点进行冲蚀的过程中，射流和被冲蚀平面之间的锐角或直角。50°，70°以及 90°钻孔冲蚀角示意图如图 3.2 所示。而切割角是指射流冲蚀方向和喷嘴横移运动方向之间的夹角，可以是锐角、直角或钝角。

图 3.2　不同冲蚀角

为了分析磨料水射流的钻孔及切割机理，利用磨料水射流在不同的实验条件下对 Q345 钢板进行钻孔和切割实验。钻孔时，通过控制磨料罐开闭时间来控制钻孔时间。切割时，定义喷嘴横向运动的速度为横移速度。钻孔和切割实验参数如表 3.1 所示。

表 3.1　磨料水射流钻孔及切割实验参数

参　数	钻孔实验	切割实验
射流压力/MPa	25	40
射流流量/($L \cdot min^{-1}$)	4.66	7.06
板材宽度/mm	100.0	50.0
板材长度/mm	200.0	200.0
板材厚度/mm	20.0	10.0
射流角度/(°)	50,70,90	90
磨料罐开启时间/s	0~140.0	—
切割横移速度/($mm \cdot min^{-1}$)	—	30,45,60,75,90,105

3.1.2　机理研究的仿真方案

由于磨料水射流束在切割时存在较大的变形,因此,采用 SPH 方法建立前混合磨料水射流模型,其中磨料颗粒和水的状态方程及相关属性参数如式(2.28)、表 2.1 以及表 2.2 所示。

Q345 金属材料的属性如表 3.2 所示。

表 3.2　Q345 金属材料属性

参　数	数　值
钢材密度/($kg \cdot m^{-3}$)	7 850
弹性模量 E/GPa	212
泊松比 μ	0.31
屈服强度/MPa	345
抗拉强度/MPa	586
等效失效应变	0.25
Cowper-Symonds 应变率参数 C_m	35 680
Cowper-Symonds 应变率参数 P_m	4.62

根据上文的分析，分别建立磨料水射流钻孔和切割仿真模型，如图 3.3 所示。

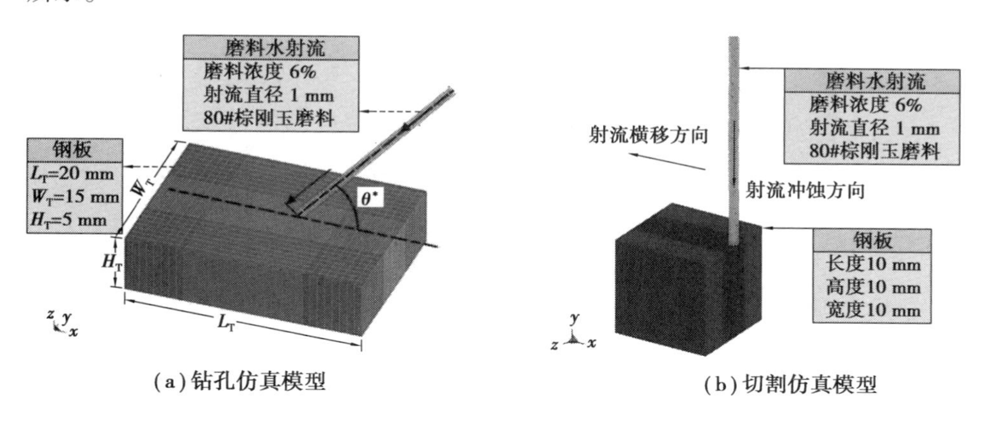

图 3.3　磨料水射流钻孔及切割仿真模型

在图 3.3(a)中，θ^* 代表冲蚀角，仿真时分别取值为 50°，70°和 90°。

在仿真过程中，磨料和水的 SPH 粒子直径设为 0.2 mm，以模拟真实磨料颗粒直径。钢板材料的网格划分数量需要进行不断尝试，如果网格划分得过大，那么计算时容易发散和失真，这可能是因为较大的网格单元会引起应力应变在网格单元表面集中，从而造成大量外部网格失效。而如果钢板网格划分得过细，则会造成计算时间延长。经过反复尝试，发现将网格尺寸设置在 0.5 ~5 倍的 SPH 粒子直径范围内较为合适。其中，在粒子冲蚀作用区域，进行网格局部加密，网格的尺寸宜在 0.5 ~2 倍 SPH 粒子直径范围内。对于远离粒子冲蚀作用区域的位置，网格尺寸可以设置为 2 ~5 倍 SPH 粒子直径范围。此时，计算不但不容易发散和失真，而且网格数量对计算结果的影响较小，被认为符合网格无关性的要求。

3.2　钻孔冲蚀坑形貌特征分析

图 3.4 为磨料水射流钻孔过程中的射流运动形态。

(a)钻孔初期

(b)钻孔中期

图 3.4　钻孔过程中的射流运动形态

由图 3.4 可知,冲蚀坑很浅时,射流以较小的反射角向冲蚀坑外做反射运动。而在冲蚀坑达到一定深度以后,射流的反射角度较大,几乎沿着与冲蚀方向相反的方向做反射运动。这与前文中管道钻孔时呈现的形态一致。

3.2.1　钻孔冲蚀坑孔口圆度特征分析

钻孔实验结果如图 3.5 所示。

由图 3.5 可知,不同钻孔条件下,冲蚀坑顶部孔口都呈现出类椭圆形。将冲蚀坑孔口的形状特征提取出来,如图 3.6 所示,其中 d_1 和 d_2 分别表示冲蚀坑孔口的宽度和长度。

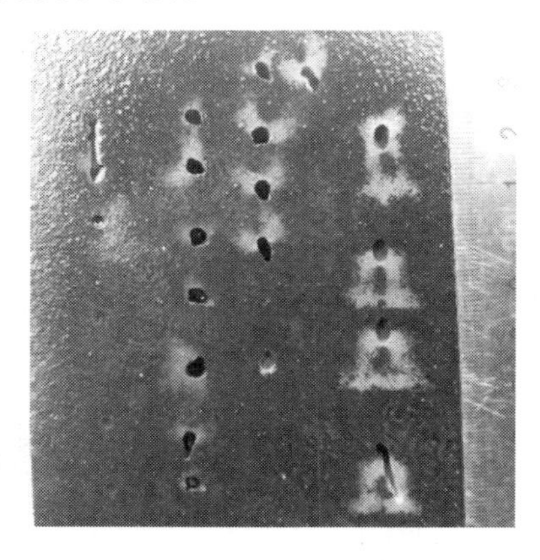

图 3.5　钻孔实验结果

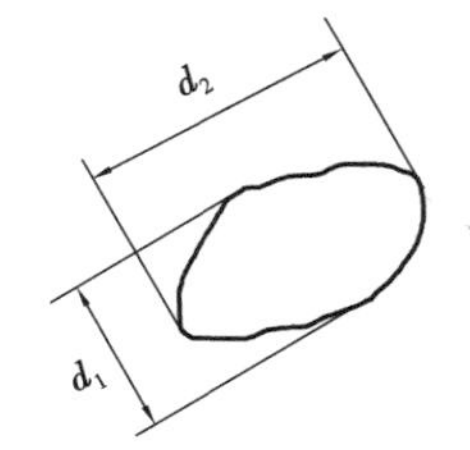

图 3.6　冲蚀坑孔口形状及尺寸

定义冲蚀坑孔口的宽度和长度之比为冲蚀坑孔口圆度 S_C。

$$S_C = \frac{d_1}{d_2} \tag{3.1}$$

在有标尺参考的情况下，利用 AutoCAD 2013 软件标定和测量图 3.5 中冲蚀坑孔口尺寸，并计算得到冲蚀坑孔口圆度值如表 3.3 所示。

表 3.3　冲蚀坑孔口圆度值

冲蚀坑编号	孔口宽度 d_1/mm	孔口长度 d_2/mm	孔口圆度 S_C
50deg-20 s	2.936	4.072	0.721
50deg-40 s	3.143	5.396	0.582
50deg-70 s	3.046	5.0619	0.602
70deg-20 s	2.675	5.529	0.479
70deg-40 s	3.501	4.641	0.754
70deg-70 s	4.101	4.245	0.966
90deg-1 s	2.574	2.590	0.994
90deg-2 s	2.706	2.855	0.948
90deg-5 s	3.144	3.763	0.836
90deg-10 s	3.419	4.095	0.835
90deg-20 s	3.360	4.154	0.809
90deg-40 s	4.062	4.439	0.915
90deg-70 s	3.733	5.017	0.744
90deg-140 s	4.261	4.799	0.888

由表 3.3 可知，实验中所有的冲蚀坑孔口圆度值都小于 1，并且在相同冲蚀角条件下，不同时刻的冲蚀坑孔口圆度值表现出随机波动特点，这说明即使在实验条件都相同的情况下，磨料水射流的冲蚀运动也具有随机性且会受到随机误差的扰动。

将表 3.3 中同一冲蚀角条件下的冲蚀坑孔口圆度值取平均，能够有效降低实验中其他因素对孔口圆度值的随机影响，得到的平均圆度值可以更加准确地反映出冲蚀角对孔口圆度的影响，如表 3.4 所示。

表 3.4　不同冲蚀角条件下冲蚀坑孔口平均圆度值

冲蚀角/(°)	平均圆度值
50	0.635
70	0.733
90	0.871

由表 3.4 可知，随着冲蚀角的增大，冲蚀坑孔口的圆度逐渐增加，冲蚀坑孔口形状越来越趋于圆形。这说明倾斜的冲蚀角会影响磨料水射流冲蚀特性，使得磨料水射流的冲蚀作用在孔口长度方向上要强于孔口宽度方向，而且随着冲蚀角的减小，磨料水射流在孔口长度和宽度方向上的冲蚀强度差异得到强化。

3.2.2　钻孔冲蚀坑宏观形貌特征分析

(1)垂直钻孔冲蚀坑宏观形貌特征分析

图 3.7　电火花切割冲蚀坑的过程

为了分析冲蚀坑壁面的形貌，利用直径为 0.2 mm(20 丝)的钼丝沿着喷嘴轴线所在平面(垂直于材料上表面)进行线切割操作，将冲蚀坑从中间剖开，切割过程如图 3.7 所示。由于电火花切割的放电距离一般为 1 ~ 100 μm，而冲蚀坑孔径在 2.0 mm 以上，远大于电火花切割放电距离，因此，电火花切割被认为不会破坏冲蚀坑内壁面形貌。

对冲蚀坑断面形貌进行拍照和标注，可以得到垂直冲蚀角条件下冲蚀坑的发展过程，如图 3.8 所示。

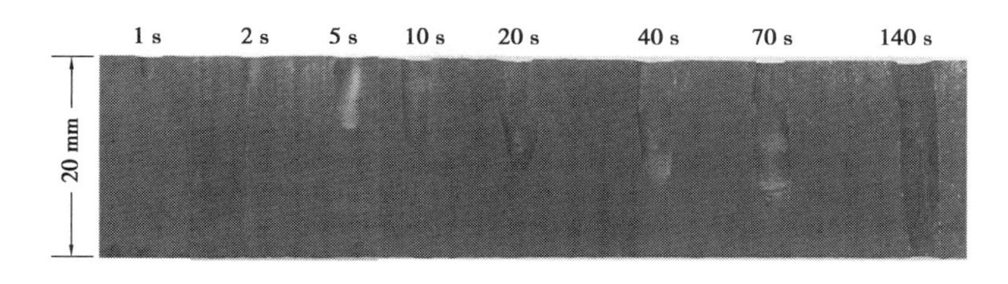

图3.8　垂直冲蚀条件下冲蚀坑的发展过程

由图3.8可以看出,垂直冲蚀条件下,随着钻孔时间(冲蚀时间)的延长,得到了盲孔和通孔两种钻孔结果。对于盲孔而言,在钻孔时间较短时,冲蚀坑呈V形(钻孔时间为1 s);而随着钻孔时间的延长,不同时刻的冲蚀坑的形貌具有相似性,都表现为U形垂直冲蚀坑形貌,且随着钻孔冲蚀时间的增加,冲蚀坑逐渐向下发展。当冲蚀时间为140 s时,20.0 mm厚的材料被钻透,射流穿过冲蚀坑从钢板底部穿出。观察图3.8中的盲孔和通孔发现,所有冲蚀坑内壁都相对光滑,冲蚀坑内壁面没有表现出明显的宏观规律性特征。

在有标尺参考的情况下,利用AutoCAD 2013软件标定和测量图3.8中盲孔的深度和顶部的宽度尺寸,得到如图3.9所示冲蚀坑尺寸随时间变化的曲线。

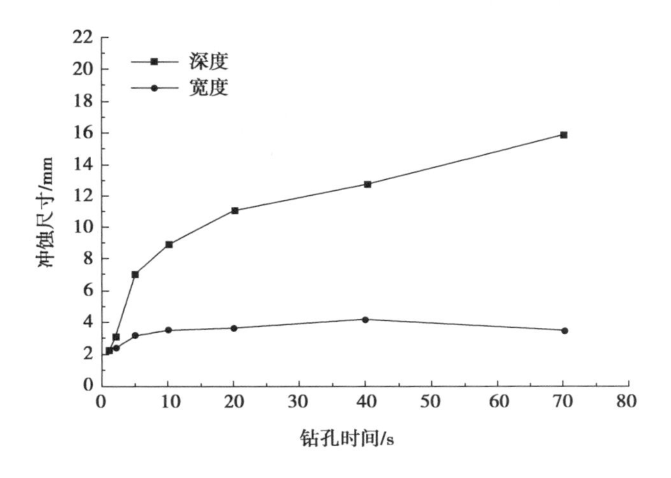

图3.9　垂直冲蚀条件下冲蚀坑尺寸随时间变化的曲线

由图 3.9 可知,垂直冲蚀条件下,随着钻孔时间的延长,冲蚀坑的深度和宽度都逐渐增大。其中,冲蚀坑深度随着钻孔时间的延长呈现出先快速增大后逐渐趋于平缓的变化特征,深度曲线表现出幂函数规律,这与张凤莲利用后混合磨料水射流对铝合金以及工具钢钻孔时,盲孔深度表现出的规律一致。

观察图 3.9 中冲蚀坑宽度的变化特征可以发现,冲蚀坑宽度在钻孔早期随着时间逐渐增大,当钻孔时间超过 5.0 s 后,冲蚀坑上部宽度变化很小。

(2) 倾斜钻孔冲蚀坑宏观形貌特征分析

与前文的操作方法类似,利用图 3.7 中的线切割方法分别将 50°冲蚀角和 70°冲蚀角条件下的冲蚀坑沿喷嘴轴线所在平面(垂直于材料上表面)剖开,可以得到不同冲蚀角条件下的冲蚀坑宏观形貌特征,如图 3.10 所示。

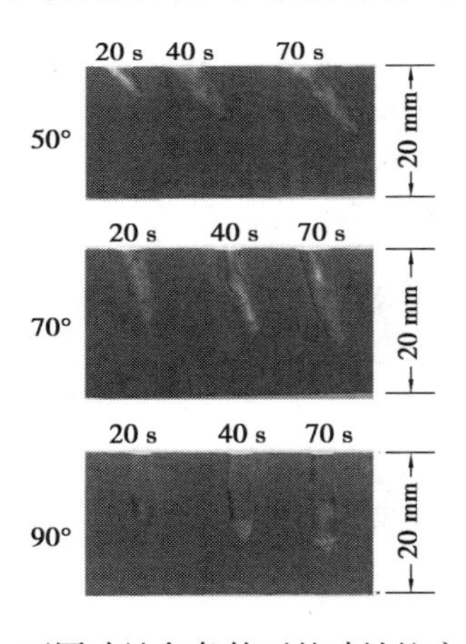

图 3.10　不同冲蚀角条件下的冲蚀坑宏观形貌

由图 3.10 可以看出,冲蚀坑内壁相对光滑,没有表现出明显的宏观规律性特征。对比不同冲蚀角条件下冲蚀坑的形貌可以发现,90°冲蚀角时冲蚀坑呈现轴对称 U 形。而 50°冲蚀角和 70°冲蚀角时,冲蚀坑呈现倾斜的袋形。

如图 3.11 所示,这种袋形冲蚀坑并不是 U 形冲蚀坑在冲蚀角方向上进行了倾斜,袋形冲蚀坑的壁面形状并不关于射流轴线对称。袋形冲蚀坑中,面向射流冲蚀方向的壁面受到的冲蚀比背向射流冲蚀方向的壁面大。这说明磨料水射流在倾斜钻孔条件下具有与垂直钻孔不同的冲蚀运动特性。

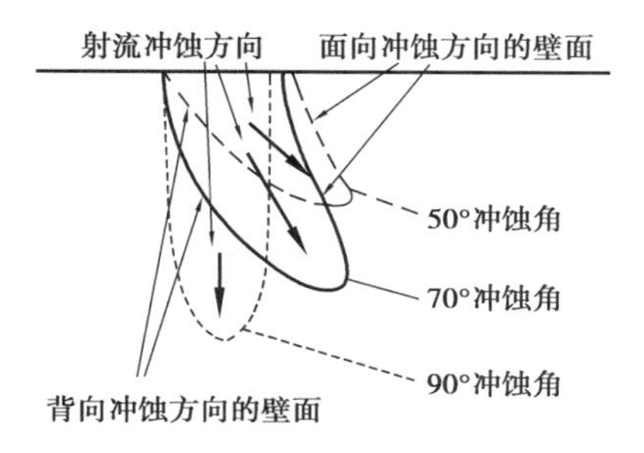

图 3.11　不同冲蚀角条件下的冲蚀坑形貌特征

在有标尺参考的情况下，利用 AutoCAD 2013 软件标定和测量图（图 3.10）中冲蚀坑的深度和顶部宽度尺寸，得到如图 3.12 所示的不同冲蚀角条件下的冲蚀坑尺寸随时间变化的曲线。

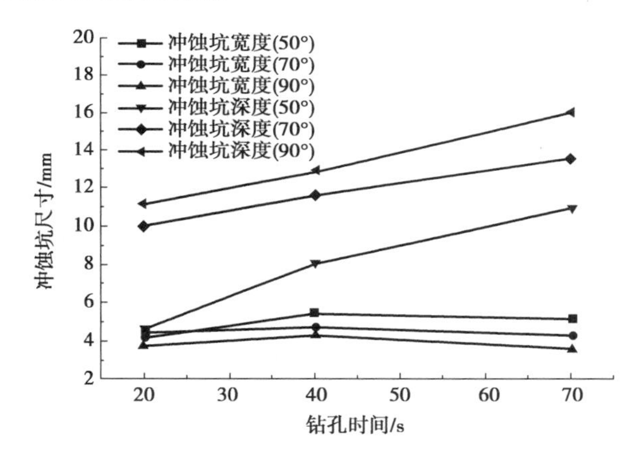

图 3.12　不同冲蚀角条件下冲蚀坑尺寸随时间变化的曲线

由图 3.12 可以看出，不同冲蚀角条件下，冲蚀坑的深度和宽度都随着冲蚀时间的延长而增大。在相同钻孔时间条件下，冲蚀角越大，冲蚀坑的深度越深而宽度越小。除冲蚀角外，其他条件相同时，可以认为射流具有相同的冲蚀能量，而不同冲蚀角条件下所呈现的冲蚀坑形状差异说明冲蚀角会对射流冲蚀能量的分布产生影响。根据图 3.11 可以推测，倾斜冲蚀角使得射流冲蚀能量更多地作用在面向射流冲蚀方向的壁面上，这才使得该侧壁面受到更为严重的冲蚀。

此外,对比以上所有冲蚀坑尺寸可以发现,无论冲蚀角或者冲蚀时间如何变化,冲蚀坑在任意冲蚀深度的截面宽度均明显大于初始射流直径 1.0 mm。由于冲蚀靶距较小,射流的发散效应并不明显,这说明冲蚀坑并非射流由喷嘴喷出后直接冲蚀而形成的,射流在钻孔过程中必定存在更为复杂的运动特性。

3.2.3　钻孔冲蚀坑微观形貌特征分析

在进行微观观测时,由于扫描电镜载物台尺寸限制,因此,利用线切割将图 3.8 中的 90deg-40 s、90deg-140 s 和图 3.10 中的 50deg-40 s 三个冲蚀坑从材料上割下,作为观测样品,如图 3.13 所示。其中,冲蚀坑内表面沾有明显的防锈油污和杂质。

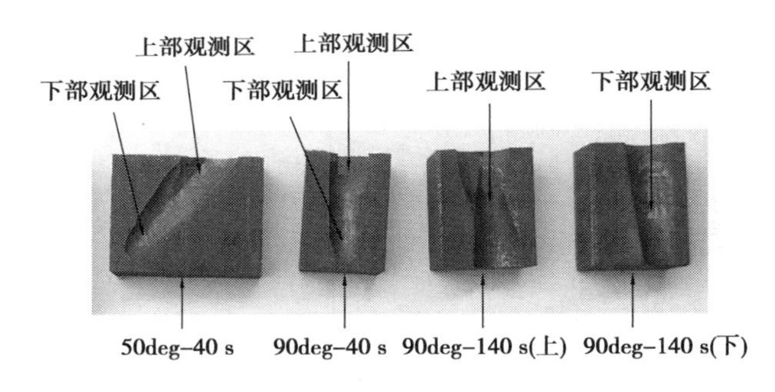

图 3.13　冲蚀坑扫描电镜观测样品

图 3.13 中四个样品分别代表了倾斜盲孔、垂直盲孔以及垂直通孔三种情况。利用软毛刷清洗干净冲蚀坑壁面残留的油污,然后采用电子显微镜观测三个冲蚀坑壁面的微观冲蚀特征,每个冲蚀坑样品的观测区域分为上部观测区和下部观测区,其中上部观测区深度位于冲蚀坑总深度 20% 处,而下部观测区深度位于冲蚀坑总深度 80% 处,最后得到如图 3.14—图 3.16 所示的材料冲蚀坑壁面微观形貌。

对比图 3.14—图 3.16 可知,钻孔冲蚀坑壁面在不同条件下表现出不同的微观损伤特征。

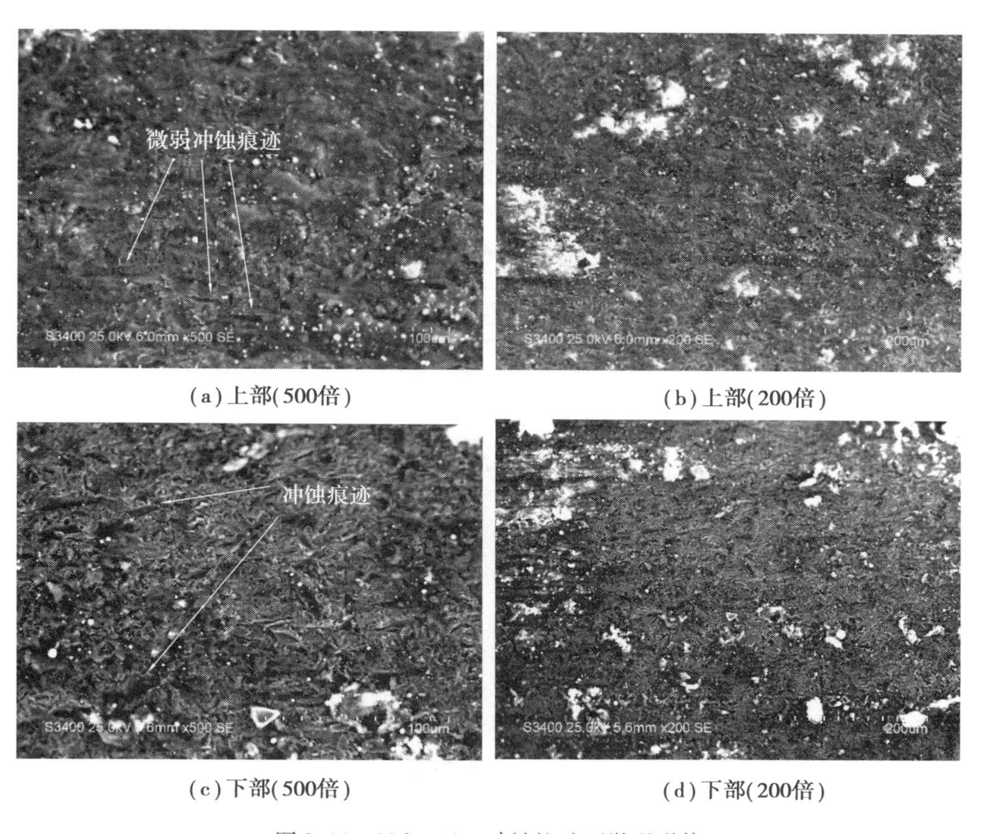

(a)上部(500倍) (b)上部(200倍)

(c)下部(500倍) (d)下部(200倍)

图3.14 90deg-40 s 冲蚀坑壁面微观形貌

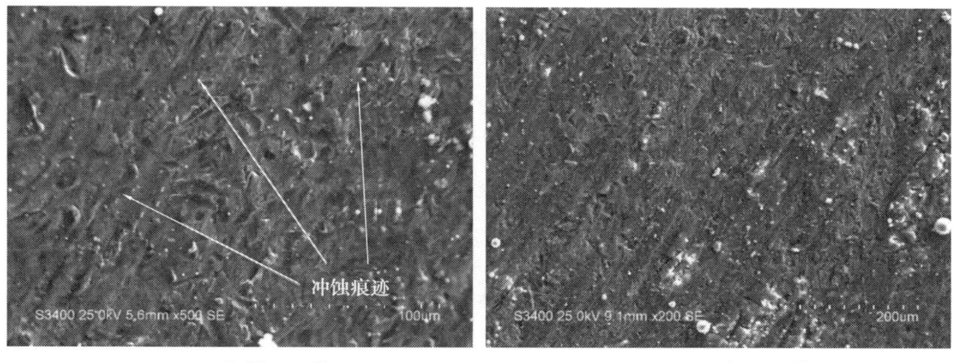

(a)上部(500倍) (b)上部(200倍)

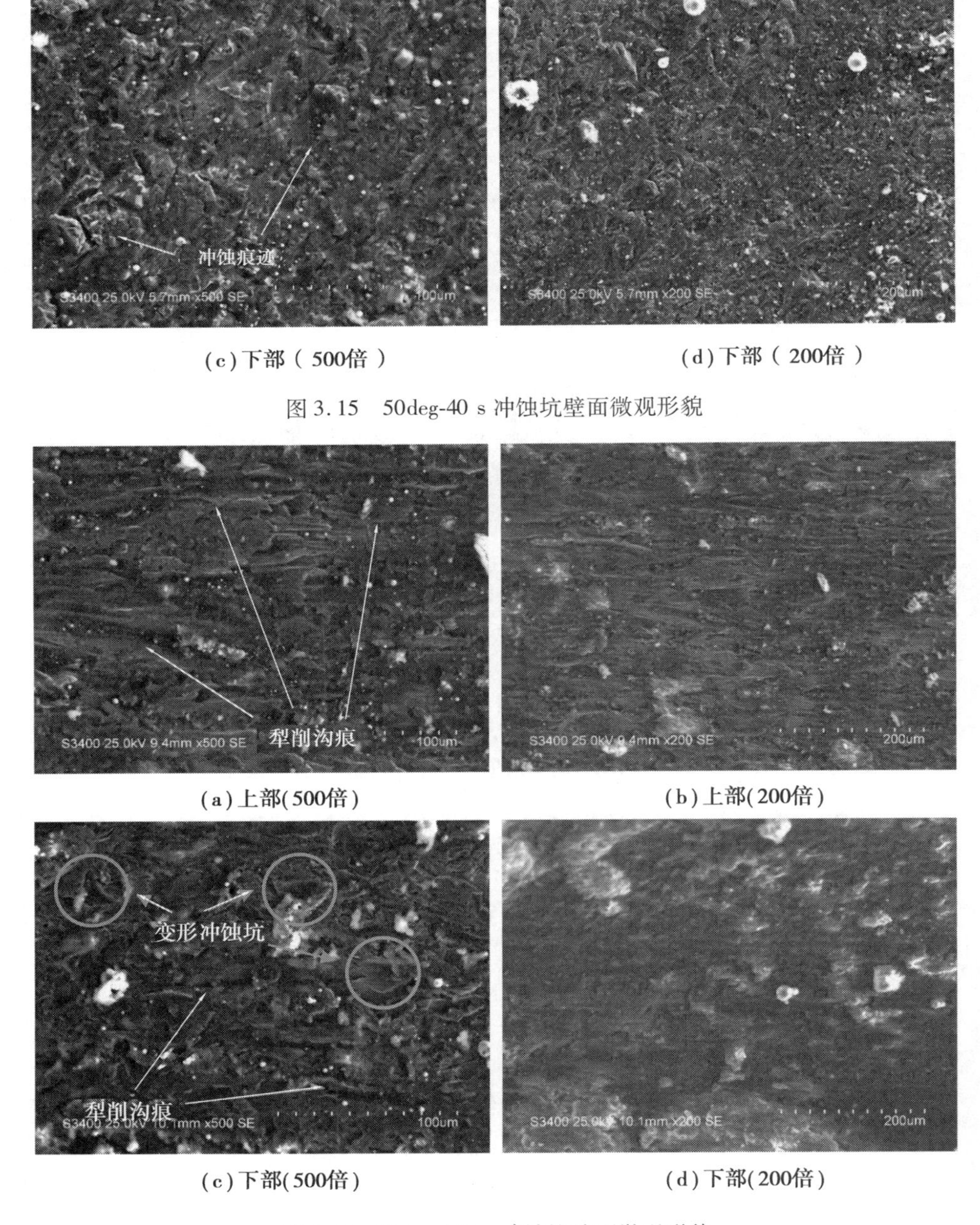

(c)下部（500倍）　　(d)下部（200倍）

图 3.15　50deg-40 s 冲蚀坑壁面微观形貌

(a)上部(500倍)　　(b)上部(200倍)

(c)下部(500倍)　　(d)下部(200倍)

图 3.16　90deg-140 s 冲蚀坑壁面微观形貌

从图 3.14 和图 3.15 可以看出，在钻孔未穿透情况下，盲孔壁面相对较为光滑,内壁面上部或者下部具有极不明显的冲蚀痕迹,并且由于冲蚀痕迹较为微弱,无法分辨其具体特征。

从图 3.16 可以看出,在钻孔穿透条件下,通孔内壁上部具有比盲孔更为明显的冲蚀痕迹。其中,通孔内壁上部的冲蚀损伤形貌表现为长而浅的犁削沟痕,而下部的冲蚀损伤形貌表现为变形冲蚀坑。

对比图 3.14 和图 3.15 中的冲蚀痕迹以及图 3.16 中的犁削沟痕和变形冲蚀坑与标尺可以发现,盲孔和通孔的微观冲蚀损伤痕迹尺寸远小于射流直径,这说明形成这种微观损伤特征的原因并非水射流冲蚀。利用显微镜观察射流中所用的磨料颗粒,观察结果如图 3.17 所示。

(a) 100倍　　(b) 50倍

图 3.17　磨料颗粒微观图

由图 3.17 可知,磨料为带有锋利棱角的不规则颗粒,而对比标尺和磨料颗粒可以发现,磨料颗粒锋利棱角的尺寸以及磨料颗粒钝边的尺寸和图 3.14—图 3.16 中犁削沟痕和变形冲蚀坑痕迹的尺寸处于同一量级,这说明造成冲蚀坑内壁面微观损伤形貌的原因是单颗粒磨料的冲蚀作用。为了进一步分析造成这种损伤形貌的机理,本书利用仿真方法对磨料颗粒运动特性进行分析。

3.3 磨料水射流钻孔机理分析

3.3.1 磨料水射流钻孔仿真结果验证

在仿真过程中,当磨料水射流中的磨料颗粒与靶体接触时,产生较大的等效应力,使得材料发生塑性变形。当靶体单元应变超过失效应变时,单元失效且不再显示在模型中,表现为靶体材料消失而呈现出冲蚀坑。

根据实验压力和流量,计算得到磨料水射流钻孔冲蚀初速度为 100 m/s,仿真过程中采用此速度作为 SPH 粒子冲蚀初始速度。建立长度为 45.0 mm 的磨料水射流粒子柱体模型,仿真冲蚀时间为 0.5 ms。

在前文的钻孔实验中,为了得到不同时刻冲蚀坑宏观形貌变化,采用了较低的钻孔压力,因此钻孔时间较长。如果在较高压力条件,如 40 MPa 的钻孔压力条件下,钢板冲蚀坑很快形成,不利于初期冲蚀坑形貌的获取。可是在仿真分析中,即使采用 Point-in-Box 的方法限定粒子搜索范围,要实现实验中几十秒的钻孔过程仿真,仍然需要消耗大量的计算机资源。为了验证磨料水射流钻孔仿真的可靠性,参考 Junkar 和 Kumar 等人的做法,将无量纲的钻孔冲蚀坑表面孔口圆度作为实验和仿真对比的标准。钻孔冲蚀仿真结果如图 3.18 所示。

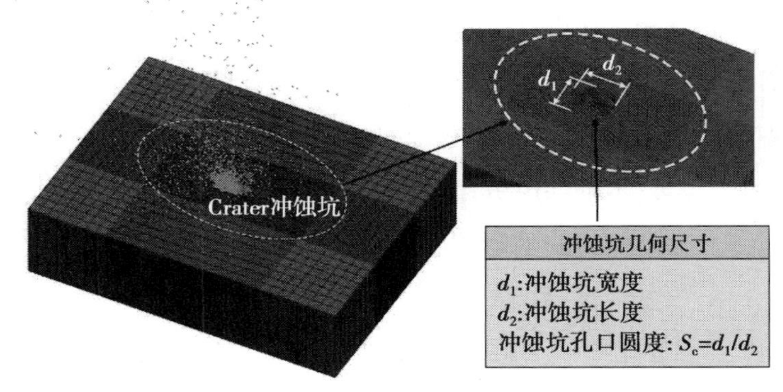

图 3.18 磨料水射流钻孔冲蚀仿真结果

将仿真结果与前文实验结果进行对比,结果如表3.5所示。

表3.5 磨料水射流冲蚀坑孔口圆度结果对比

冲蚀角度/(°)	冲蚀坑孔口圆度 S_C	
	实验结果	仿真结果
50	0.635	0.678
70	0.733	0.768
90	0.871	0.895

由表3.5可知,磨料水射流冲蚀过程的SPH耦合FEM仿真结果与实验结果一致性较好。对比Junkar和Kumar等人的研究可以发现,与传统有限元仿真计算单个磨料颗粒或者多个磨料颗粒的冲蚀过程相比,通过SPH建立磨料水射流粒子束模型,模拟大量随机分布在水中的磨料颗粒对材料的冲蚀过程,得到的冲蚀坑孔口圆度更接近真实值。这说明SPH耦合FEM的仿真方法能够更加真实地反映磨料水射流的冲蚀特点。

3.3.2 钻孔过程中磨料速度特性分析

从磨料水射流柱体上由上到下随机取四个磨料颗粒,观察磨料颗粒的运动速度,如图3.19所示。

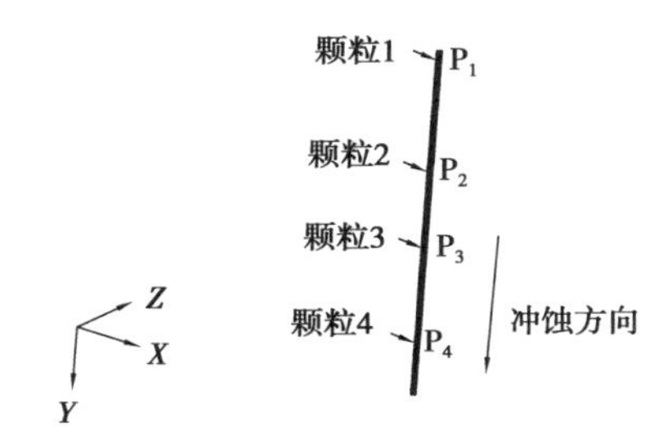

图3.19 磨料水射流测试点

图3.19中为了标明Z轴方向,将柱体进行了倾斜,在下文的分析中,认为Y轴为垂直方向而XZ平面为水平平面。定义Y轴正向为垂直速度正方向,X轴

正向为水平速度正方向。从钻孔仿真计算结果中提取四个磨料颗粒在钻孔冲蚀过程中的运动速度变化情况,如图 3.20 所示。

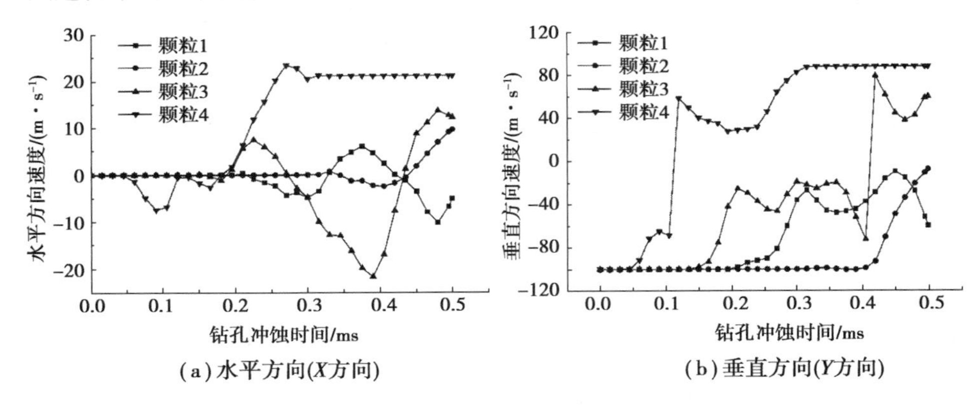

图 3.20　磨料水射流钻孔过程中磨料颗粒运动速度

由图 3.20 可以看出,磨料颗粒在冲蚀过程中,会与板材、水以及其他的磨料颗粒之间发生复杂的碰撞,因此,磨料速度会产生剧烈的波动变化。但是对比不同位置处的磨料颗粒速度变化特征可以发现,磨料颗粒的速度在初始一段时间并未改变。根据磨料颗粒与板材表面间的距离和磨料颗粒冲蚀速度,可以计算出磨料运动到板材表面的时间,将计算出的时间和图 3.20 中速度未发生变化的持续时间进行对比,发现两者几乎相同。因此,在图中速度未发生变化的这段时间内,磨料颗粒仍处于冲蚀坑外,当磨料颗粒水平速度和垂直速度均发生变化时,说明此时磨料颗粒已经进入冲蚀坑。

结合磨料的水平方向和垂直方向速度进行分析,可以发现,磨料进入冲蚀坑向冲蚀坑底部运动时,并非简单的垂直冲蚀运动。由于磨料具有水平方向的速度,所以磨料在冲蚀坑内运动时会逐渐出现向冲蚀坑壁面方向运动的趋势,当磨料运动到冲蚀坑壁面附近时,会与冲蚀坑内壁面发生不同程度的碰撞,导致磨料的水平和垂直速度都发生改变。由于相比垂直方向的速度,磨料颗粒的水平速度很小,因此,磨料颗粒与冲蚀坑内壁面发生的碰撞冲蚀为小角度冲蚀。碰撞后,磨料颗粒被材料壁面反弹,在此过程中磨料的水平速度减小甚至发生转向(视磨料颗粒水平速度在 XZ 平面内的方向而定),此后磨料颗粒继续向冲蚀坑底部运动。在磨料颗粒与冲蚀坑底部发生碰撞前,磨料颗粒可能再次与冲蚀坑内壁发生小角度冲蚀碰撞,使得磨料颗粒的垂直运动速度进一步降低,同时磨料颗粒的水平速度会减小或转向。以上分析中,磨料颗粒与冲蚀坑内壁面的一次或多次碰撞冲蚀过程可以从图 3.20 中磨料颗粒 3 和颗粒 4 的垂直方向速度急剧变化前的小幅变化过程以及对应的水平速度变化规律看出。

若磨料颗粒与冲蚀坑内壁面进行一次或多次冲蚀碰撞后,垂直速度仍然为正值,那么磨料颗粒会继续向冲蚀坑底部运动。当磨料颗粒与冲蚀坑底部发生碰撞时,磨料颗粒以较大的角度冲蚀冲蚀坑底部材料单元,磨料颗粒压缩材料单元,造成材料单元逐渐发生弹性变形和塑性变形,图 3.20 中磨料颗粒的垂直冲蚀速度会急剧减小。此后,材料单元变形储存的能量会部分反馈到磨料颗粒上,磨料颗粒发生反弹,并受到后续射流的排挤作用而向上运动,最终从冲蚀坑上部排挤出去,形成射流的飞溅运动。根据颗粒 4 的垂直速度可以看出,少数磨料颗粒向上做反弹排挤运动时的速度仍然较大,由于磨料的水平运动作用,这些磨料颗粒在向上排挤运动过程中,可能与冲蚀坑壁面再次发生碰撞。将磨料颗粒反弹排挤运动中与冲蚀坑壁面发生碰撞产生的冲蚀作用定义为磨料的二次冲蚀。

3.3.3　磨料水射流垂直钻孔冲蚀坑形貌演变分析

图 3.21 给出了磨料水射流垂直冲蚀过程中冲蚀坑形貌随时间的演变发展过程。取冲蚀坑顶部宽度和冲蚀坑深度方向上失效的材料单元数目作为冲蚀坑尺寸指标,以衡量冲蚀角度对冲蚀坑形貌发展的影响。

从图 3.21 可以看出,冲蚀坑的深度和宽度均随着磨料水射流钻孔冲蚀时间的延长而不断增大。在初始时刻,磨料水射流冲蚀后发生反弹并受到后续射流的排挤作用,向材料表面运动,从材料表面飞溅而出,此时射流反射运动的反射角较小,这与钻孔实验过程中观察到的射流飞溅运动形态一致[图 3.4(a)]。在受排挤运动的射流中,仍有一部分磨料颗粒具有较大动能,因此,会对冲蚀坑四周的靶体材料进行二次冲蚀,使得冲蚀坑直径增大并呈 V 形,这与图 3.8 中钻孔时间较短时的冲蚀坑形状相符。

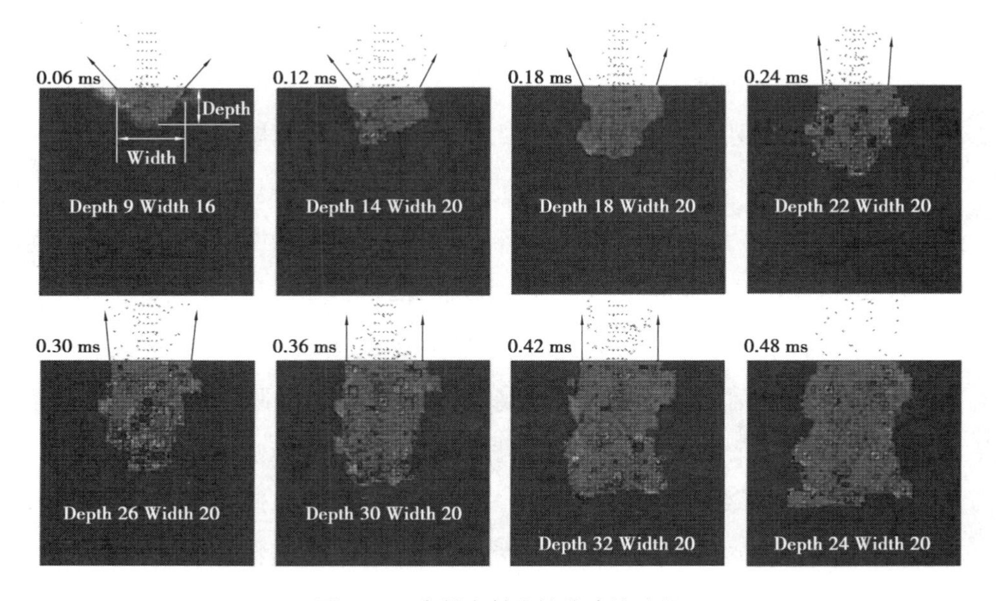

图 3.21　磨料水射流钻孔冲蚀过程

如图 3.21 所示,随着钻孔时间的延长,射流不断对冲蚀坑底部材料进行冲蚀,使得冲蚀坑宽度和深度不断增加。同时,射流自冲蚀坑底部向上反弹运动时,反弹磨料颗粒也会对冲蚀坑壁面进行持续的二次冲蚀作用,也会在一定程度上增大冲蚀坑直径。随着冲蚀坑深度和直径的增大,冲蚀坑的形状由初期的 V 形逐渐转变为 U 形(这与图 3.8 中钻孔时间较长时的冲蚀坑形状相符,这也与王建明等人基于 ALE 方法得到的射流钻孔形貌发展的研究结论一致),射流自冲蚀坑底部向材料表面反射运动的反射角逐渐增大。当冲蚀坑达到一定深度时,射流几乎沿着射流冲蚀方向的反方向向上运动,这与图 3.4 实验中观察到的射流运动特征一致。

值得注意的是,在图 3.21 中,随着冲蚀坑宽度和深度的增大,冲蚀坑形状由 V 形逐渐转变为 U 形,射流的二次冲蚀运动特性也在逐渐发生变化。当冲蚀坑深度较浅时,射流的二次冲蚀主要作用于冲蚀坑上部壁面,使得上部壁面宽度增大，因此呈现 V 形冲蚀坑。当冲蚀坑深度较深时，冲蚀坑底部的磨料水射流受排挤向上运动时对冲蚀坑下部材料的二次冲蚀强度要大于对冲蚀坑上部材料单元的冲蚀强度。这是因为磨料水射流自冲蚀坑底部向上运动时，不但与垂直向下运动的射流发生动量交换，而且与冲蚀坑壁面发生摩擦作用，使得射流向上运动的过程中，其动能逐渐减小，对冲蚀坑上部材料单元的冲蚀能力逐渐减弱。因此，冲蚀坑上部宽度逐渐趋于稳定，冲蚀坑逐渐变为 U 形。

此外，由图 3.21 还可以看出，在整个钻孔过程中，钻孔初期冲蚀坑的深度增加较快，而当冲蚀坑深度增加到一定程度时，冲蚀坑的深度增加趋势逐渐变缓，这也与实验中观察到的现象一致（图 3.9）。究其原因是，随着钻孔时间的延长，冲蚀坑深度的增加使得磨料水射流向材料表面的排挤运动的阻力越来越大，造成冲蚀坑底部聚集的磨料水射流不断增加。这些磨料水射流形成的水垫层减弱了后续射流的持续冲蚀作用，使冲蚀坑的深度增加逐渐变缓。

3.3.4　冲蚀角对磨料水射流钻孔过程的影响分析

图 3.22 所示为 50°，70°和 90°冲蚀角时，不同时刻的冲蚀坑形貌特征。

由图 3.22 可以看出，磨料水射流冲蚀角度对冲蚀坑形状会产生较大的影响。垂直冲蚀时，冲蚀坑的形貌特征与图 3.21 中相同，冲蚀坑的形貌由初始的 V 形转变为 U 形，而倾斜冲蚀条件下的冲蚀坑形貌则与垂直冲蚀条件下的冲蚀坑形貌不同。倾斜冲蚀时，射流不仅具有垂直于靶体表面的垂直动能，使得射流能够产生一定深度的冲蚀坑；而且具有平行于靶体表面的水平动能，使得射流对材料的直接冲蚀以及二次冲蚀均向射流水平分速度方向发生偏转。

当不考虑倾斜冲蚀对磨料的二次冲蚀的影响时，磨料倾斜钻孔过程中的运动特性与前文分析中磨料向冲蚀坑底部运动时的冲蚀运动过程并无差别，此时形成的冲蚀坑应该是 U 形冲蚀坑在射流方向上的倾斜。但是由于倾斜冲蚀对磨料二次冲蚀作用的影响，二次冲蚀不再均匀作用于冲蚀坑四周，而是具有一定的水平动能，使得面向射流冲蚀方向的冲蚀坑内壁的二次冲蚀更为严重，而背离射流冲蚀方向的冲蚀坑内壁受到较小的二次冲蚀。因此,在图 3.11 中面向射流冲蚀方向的壁面受到的冲蚀作用要比背向射流冲蚀方向的壁面受到的冲蚀作用更为严重,所以实验中观察到倾斜冲蚀坑的形状为非轴对称袋形(图 3.10)。

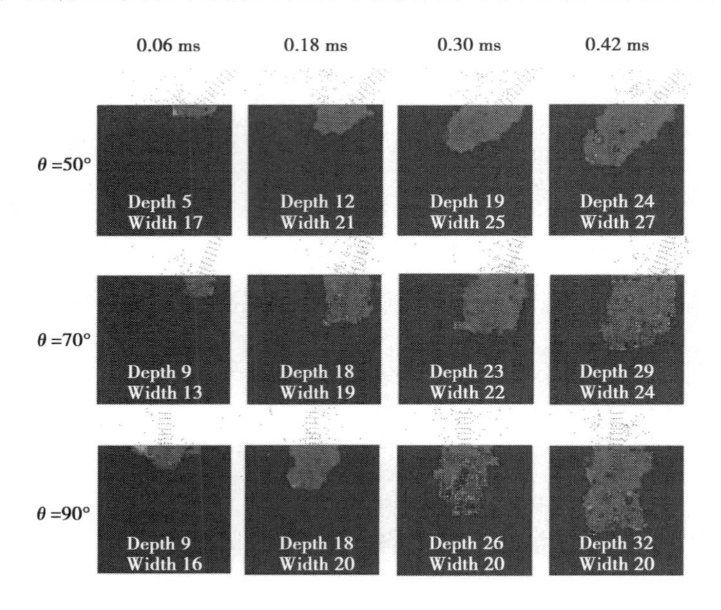

图 3.22　不同冲蚀角时,不同时刻的冲蚀坑形貌特征

另一方面,倾斜钻孔冲蚀过程中,射流冲蚀角度越小,磨料颗粒的水平动能越大,对面向射流冲蚀方向的冲蚀坑壁面的二次冲蚀作用越强,冲蚀坑宽度越大。而射流冲蚀角度越小,射流垂直于靶体表面的动能越小,冲蚀坑深度越小。

3.3.5　磨料水射流钻孔机理小结

通过前文的分析,可以对磨料水射流钻孔过程进行系统的阐述。

磨料水射流钻孔冲蚀坑是磨料颗粒的直接冲蚀和二次冲蚀的综合结果。其中,直接冲蚀过程是指磨料颗粒向冲蚀坑底部运动过程中对材料的冲蚀。在直接冲蚀过程中,磨料颗粒受到冲蚀坑内水、磨料颗粒以及壁面的影响会产生较小的水平速度,使得磨料颗粒与冲蚀坑壁面发生小角度碰撞冲蚀。根据 Hashish 及 Bitter 的理论,此时冲蚀坑壁面的损伤形态为长而浅的犁削沟痕。而当磨料颗粒运动到冲蚀坑底部时,会产生大角度冲蚀,磨料颗粒速度急剧变化,并在冲蚀坑底部形成变形冲蚀坑。完成冲蚀后磨料颗粒反弹,并在后续射流的排挤运动作用下向冲蚀坑上部运动而飞溅出冲蚀坑。由于部分磨料颗粒在排挤运动过程中仍然具有较大的动能,因此会引起材料壁面的二次冲蚀。由于磨料颗粒在冲蚀坑内的水平速度较小,因此二次冲蚀作用仍然体现为小角度的微犁削,不但会增加冲蚀坑直径,同时也会对冲蚀坑壁面产生类似“抛光”的作用,使得冲蚀坑壁面进一步光滑(图 3.8),显微镜观测到的冲蚀痕迹十分微弱(图 3.14 和图 3.15)。当磨料水射流钻穿材料形成通孔时,磨料颗粒从材料底部排出,二次冲蚀的“抛光”消失。此时,利用显微镜进行观察时,能够在冲蚀坑内壁观察到较为明显的冲蚀痕迹(图 3.16)。

在倾斜钻孔时,倾斜的冲蚀角使得磨料颗粒具有较大的水平动能,因此,磨料颗粒在冲蚀坑底部反弹时仍然具有较大的水平速度,从而对冲蚀坑壁面产生不均匀的二次冲蚀作用。其中,面向射流冲蚀方向的壁面受到的二次冲蚀强度比背向射流冲蚀方向的壁面大,使得冲蚀坑的形貌由 U 形逐渐变为袋形。冲蚀角越小时,磨料颗粒的水平动能越大,垂直动能越小,磨料颗粒的二次冲蚀不均匀性得到加强,使得冲蚀坑宽度较大而深度较小,这与实验中得到的规律一致(图 3.12)。

无论在何种角度下进行钻孔冲蚀,随着冲蚀坑深度的增加,磨料向上做排挤飞溅运动过程中受到的运动阻力都会增加,磨料二次冲蚀作用被削弱,冲蚀坑中上部宽度逐渐趋于稳定。被阻碍的排挤运动会造成射流在冲蚀坑底部聚集,形成水垫层,对射流的持续冲蚀具有缓冲作用。当水垫层的缓冲作用比射流的冲蚀作用弱时,冲蚀坑深度随着射流冲蚀时间的延长而增大,而随着冲蚀坑深度不断增加,水垫层厚度不断增大,射流的冲蚀作用逐渐和水垫层的缓冲作用达到平衡,此时随着冲蚀时间的增加,冲蚀坑深度几乎不再变化,这与实验中观察到的现象一致。

3.4 磨料水射流切割断面形貌特征分析

3.4.1 材料切割断面宏观形貌特征分析

利用前混合磨料水射流在不同切割横移速度条件下对厚度为10.0 mm的Q345钢板进行垂直切割。当材料被切穿时,会自行由钢板母体脱落。而当材料未切穿时,需要利用电火花线切割方法沿着钢板切缝方向进行切割,在确保不损伤切缝壁面形貌的情况下,得到切缝断面损伤形貌特征。图3.23为电火花线切割Q345钢板的过程。

图3.23 电火花线切割Q345钢板的过程

对切割后的材料断面进行拍照取样。如图3.24所示为不同喷嘴横移速度条件下的材料切割断面宏观形貌,编号1至6的材料断面对应的射流切割横移速度分别为30 mm/min,45 mm/min,60 mm/min,75 mm/min,90 mm/min及105 mm/min。其中,图3.24(f)所示的材料切割断面需要在线切割后进行观测。因此,材料切割断面图片拍摄的时间及环境与其他材料断面不同,图片呈现出的效果存在一定差异。

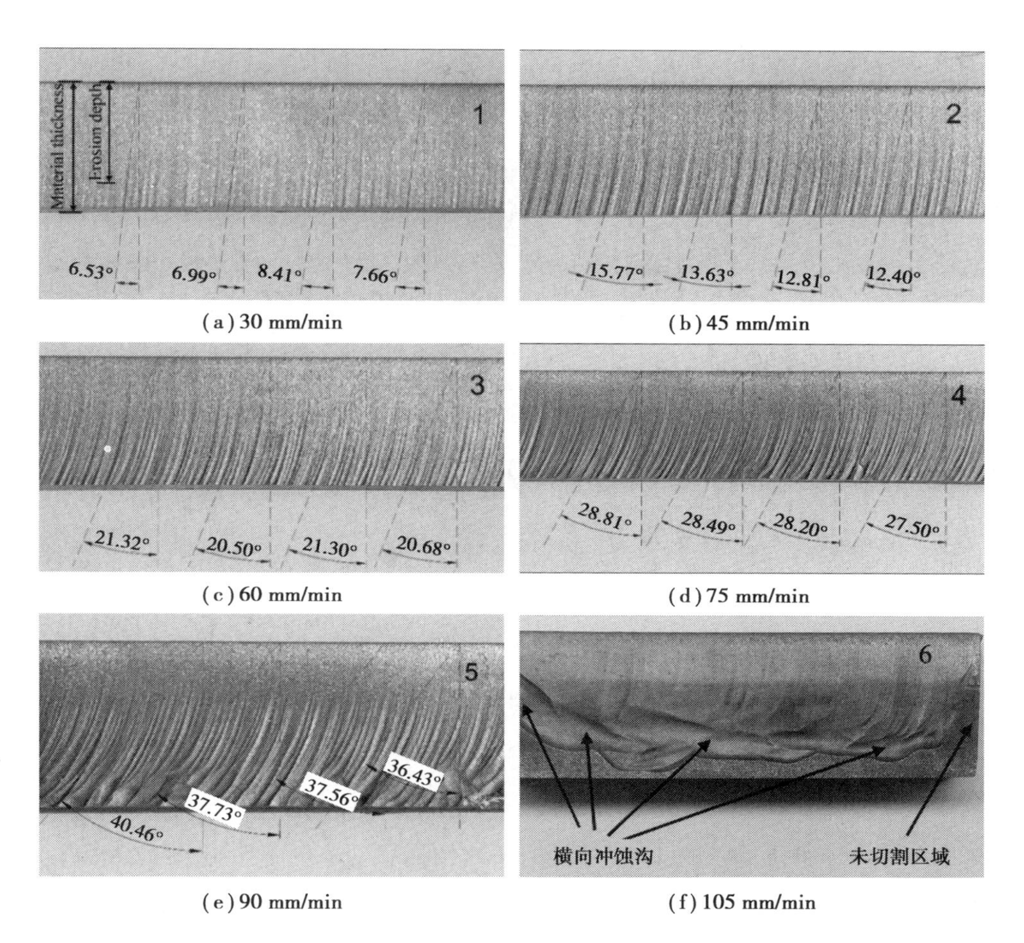

(a) 30 mm/min　(b) 45 mm/min
(c) 60 mm/min　(d) 75 mm/min
(e) 90 mm/min　(f) 105 mm/min

图 3.24　不同横移速度条件下的材料冲蚀断面宏观形貌

利用爱国者 GE-5 型显微镜对图 3.24 中不同横移速度条件下的材料切割断面进行观测，得到不同区域的材料损伤形貌对比，如图 3.25 所示。

图 3.25 中，上部、中部和下部观测区域的中心位置分别位于材料断面切割深度为 2.0 mm，5.0 mm 以及 8.0 mm 处。由图 3.24(a)—(e) 以及图 3.25 中编号 1—5 的组图可以看出，当钢板被磨料水射流切穿时，不同速度条件下材料断面呈现出类似的宏观形貌特征，即深度较小的区域十分平整，而深度较大的区域，材料断面十分粗糙并出现明显的切割条纹和拖尾现象。材料断面的粗糙程度及拖尾角度随着切割深度的增加而增加，在材料底部的拖尾角度达到最大

值。这种现象是磨料水射流切割断面的典型特征，与前文所述管道切割断面特征一致。

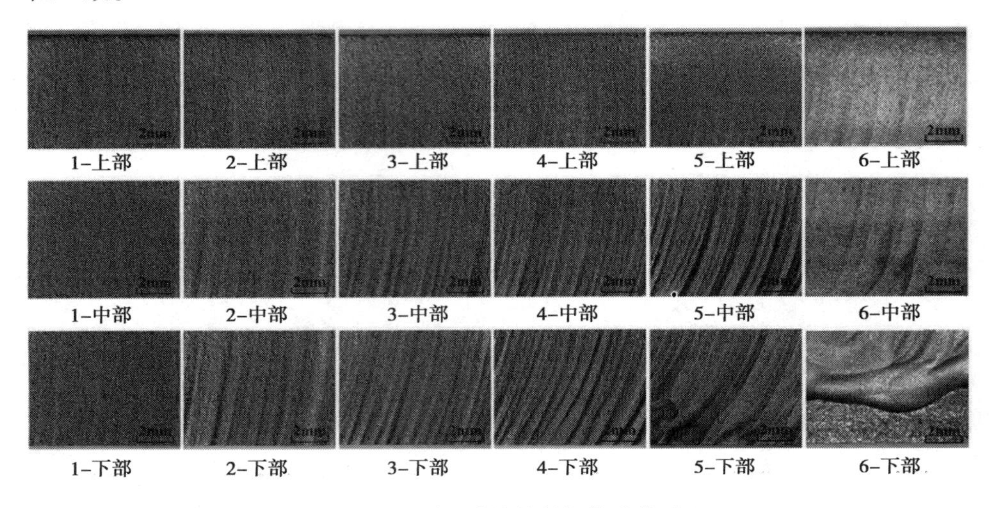

图 3.25　不同区域的材料损伤形貌对比

由图 3.24 (f)及图 3.25 中编号 6 的组图可以看出，当材料未被切穿时，材料冲蚀断面中部及下部的宏观形貌与材料被切穿的断面中部及下部的宏观形貌差异较大。但是相比横移速度为 45 mm/min，60 mm/min，75 mm/min 和 90 mm/min 条件下的条纹，未切穿时的条纹及拖尾现象更不明显，断面粗糙度相比切穿条件下的粗糙度更小。此外，在未切穿条件下，材料切缝底部出现明显的横向冲蚀沟。

将图 3.25 中材料断面相邻条纹间的距离与磨料水射流直径相比可知，两者处于相同量级，远大于磨料颗粒的尺寸量级。这说明，形成条纹的原因与射流宏观运动特征有关，并不是微观上的单个磨料颗粒冲蚀造成的，而应该是大量磨料颗粒集中冲蚀的结果。而材料断面损伤特征的差异说明磨料水射流在切穿和未切穿条件下的运动特征并不相同。

3.4.2　材料切割断面微观形貌特征分析

为了获取材料壁面损伤的更多信息，采用电子显微镜对横移速度为

90 mm/min 及 105 mm/min 条件下的材料冲蚀断面进行观测,其上部、下部观测部位的中心位置分别距离材料上表面 2.0 mm 和 8.0 mm。得到的材料冲蚀断面微观形貌如图 3.26 和图 3.27 所示。

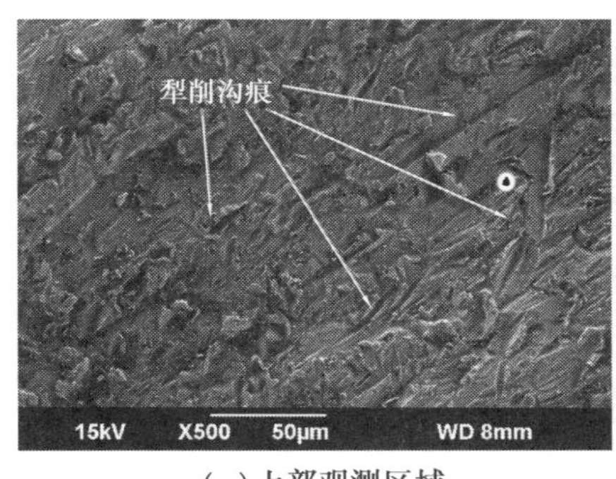

(a)上部观测区域

(b)下部观测区域

图 3.26　横移速度 90 mm/min 条件下的材料冲蚀断面微观形貌

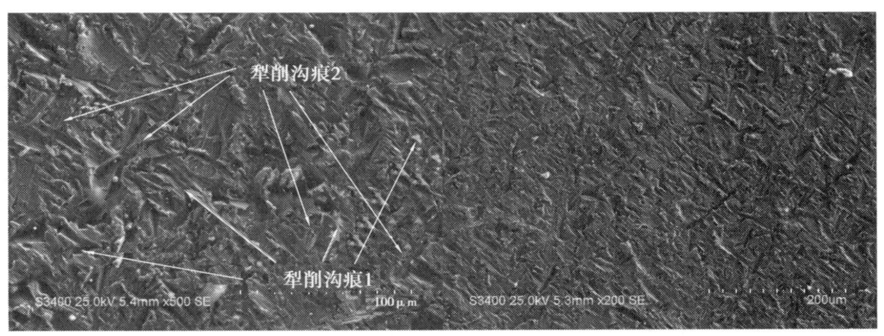

(a)上部观测区域

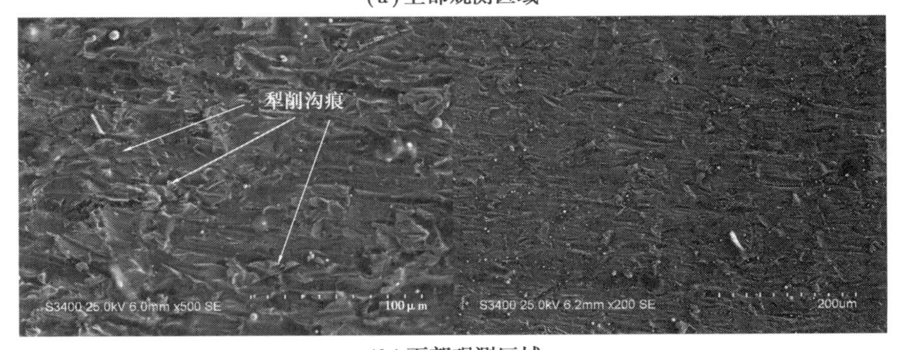

(b)下部观测区域

图 3.27　横移速度 105 mm/min 条件下的材料冲蚀断面微观形貌

由图 3.26 可知,材料冲蚀断面上部的微观损伤形貌和下部的微观损伤存在较大差异。上部观测区域出现很多长而浅的犁削沟痕,犁削沟痕的方向趋于一致。而下部观测区域除犁削沟痕外,还出现了较多短而深的变形冲蚀坑(图中圆圈区域),而且冲蚀坑外围因材料变形而形成的唇结构清晰可见。这是典型的磨料水射流冲蚀材料的微观损伤形貌特征。

对比图 3.26(a)和图 3.27(a)可以发现,在未切穿条件下,材料上部可以观察到大量长而浅的犁削沟痕,但是与图 3.26 中的犁削沟痕在方向上存在差异。在未切穿条件下,材料断面上部具有两种方向的犁削沟痕(图中虚线箭头和实线箭头两种),而图 3.26 中的犁削沟痕方向一致。以上现象说明在未切穿条件下磨料颗粒会从两个不同的方向上对壁面产生冲蚀。对比图 3.26(b)和图 3.27(b)可以发现,在未切穿条件下,材料下部没有出现变形冲蚀坑,而是观察到了大量长而浅的犁削沟痕。

将图 3.26 和图 3.27 中的测量标尺与犁削沟痕及冲蚀坑的尺寸进行对比,发现沟痕的宽度和冲蚀坑的直径均不超过 100 μm,远小于射流直径 1.0 mm,略小于磨料直径 180 μm。结合图 3.17 中磨料颗粒的形状和尺寸,可以推测造成这种冲蚀特征的主要原因与单个磨料颗粒的运动特性有关。

由于材料损伤形貌特征的形成原因和磨料运动特性息息相关,因此,将采用数值模拟方法分析磨料运动特性及其冲蚀过程。

3.5 磨料水射流切割机理分析

由于钢板切穿时和钢板未切穿时的材料断面形貌特征存在很大差异,因此,本小节将分别对钢板切穿和未切穿的情况进行仿真分析,分析其形貌特征产生机理。

3.5.1　切穿条件下切割仿真结果验证

由于实验流量为7.06 L/min,对应孔径为1.0 mm的喷嘴,得到实验中喷嘴出口的射流平均速度为149.89 m/s。本书设定射流冲蚀速度为150 m/s,对射流横移速度分别为30 mm/min,45 mm/min,60 mm/min,75 mm/min和90 mm/min时的切割过程进行仿真。不同横移速度条件下的冲蚀仿真结果如图3.28所示。

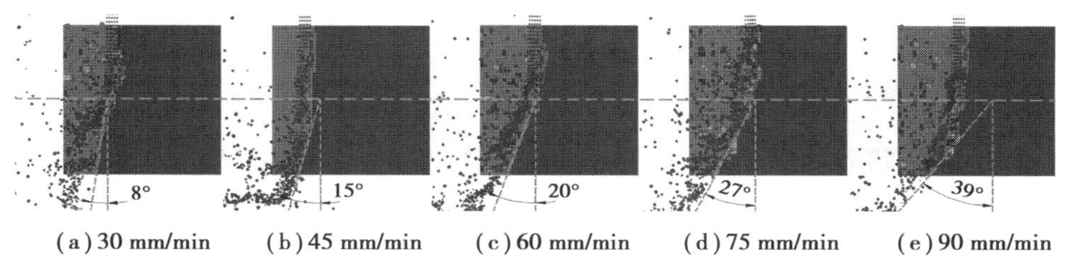

图3.28　不同横移速度条件下的冲蚀仿真结果

对实验中的最大拖尾角度进行多次测量并取平均,并与仿真结果对比,得到射流横移速度与最大拖尾角之间的关系曲线如图3.29所示。

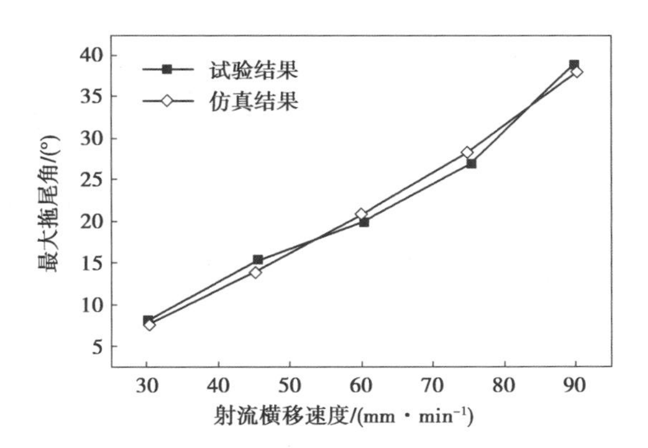

图3.29　射流横移速度与最大拖尾角关系

从图3.29中可以看出,仿真结果与实验结果吻合度较高,说明仿真反映了真实的磨料冲蚀过程。实验与仿真误差主要来自三个方面:第一个方面,仿真过程中,磨料颗粒的直径为恒定值,而实际的磨料颗粒直径呈正态分布;第二个方面,仿真过程中主要考虑了磨料大角度和小角度冲蚀引起的材料失效,而实际冲蚀过程中,磨料自转导致的材料微切削也是造成材料失效的一个原因,虽然这一因素在冲蚀深度较大时的影响相对较小,但也会给仿真结果带来误差;第三个方面,仿真过程中无法模拟磨料破碎对冲蚀的影响。

3.5.2 切穿条件下磨料水射流切割过程分析

仿真结果和实验结果的对比验证了仿真的可靠性,因此,可以根据仿真结果分析材料切割过程。切割横移速度为 90 mm/min 时,磨料水射流切割 Q345 钢板的过程如图 3.30 所示。

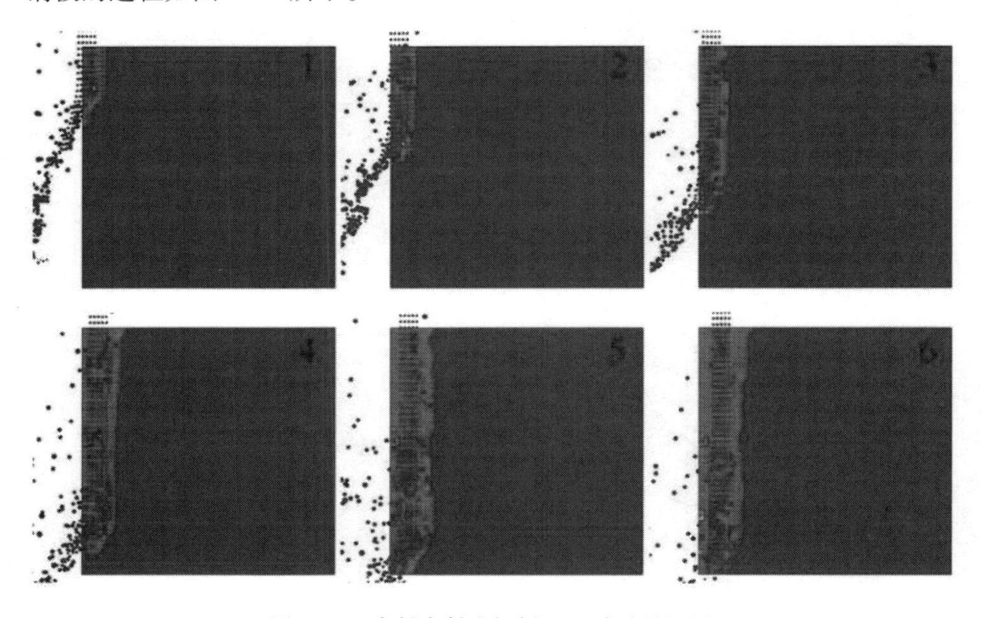

图 3.30 磨料水射流切割 Q345 钢板的过程

从图 3.30 中可以看出,磨料水射流与钢板接触后,钢板材料单元受到磨料颗粒的高频高速冲蚀而失效,形成切缝。射流与材料接触,完成冲蚀后,在后续射流的排挤作用下,一部分沿冲蚀反方向向材料表面飞溅运动,还有一部分沿着切缝向射流横移反方向运动。随着射流的持续冲蚀,切缝不断向前发展,切割深度不断加深。在经历短暂的时间后,射流穿透金属板材,此后的磨料与靶材形成一定的运动关系,冲蚀逐渐趋于一种稳定的动态循环过程。

由图 3.30 还可以看出,当射流与材料接触后,射流的冲蚀方向逐渐发生偏转。在初始时刻,射流沿垂直方向冲蚀,随着切割深度的增大,射流受排挤作用逐渐向左侧偏转,导致射流与材料冲蚀接触时的冲蚀角度逐渐增大。

选取稳定切割阶段中射流粒子柱内的两颗磨料颗粒作为分析对象,分析磨料颗粒在冲蚀过程中的速度变化,图 3.31 分别给出了磨料颗粒在垂向和水平方向的速度变化情况。其中水平向左和垂直向上分别为速度矢量分量正向。

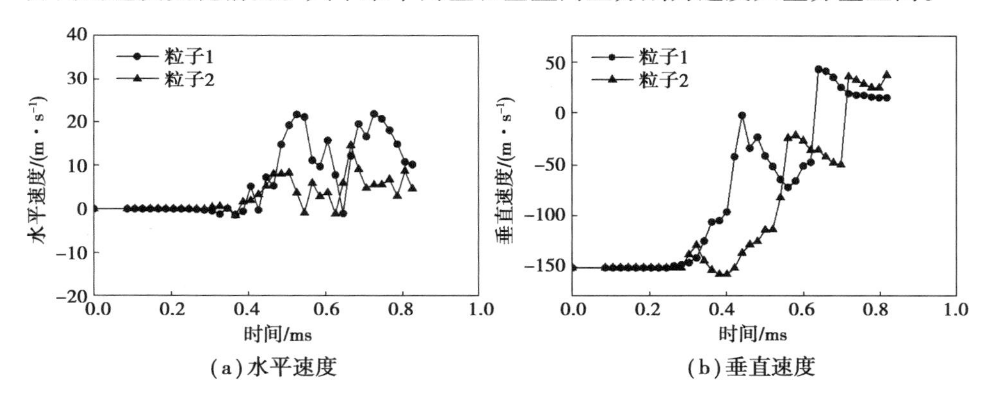

图 3.31　磨料颗粒速度变化曲线

从图 3.31 可以看出,磨料颗粒在接触材料后垂直速度急剧降低。磨料颗粒出现向左侧方向运动的速度,并随着冲蚀深度的逐渐增加而增大。造成磨料颗粒速度出现这种变化的原因是,当磨料颗粒与材料接触时,对材料的冲蚀消耗了较多的磨料颗粒动能,因此磨料颗粒的垂直方向速度迅速减小。而完成冲蚀的射流受材料反弹和后续射流的排挤,逐渐向没有材料的左侧空区域运动,这种反弹和排挤使得磨料颗粒逐渐具有水平方向的速度。由于水平方向运动速度的存在,射流的冲蚀角度逐渐由垂直冲蚀运动变为倾斜冲蚀运动,因此产生射流冲蚀拖尾现象。而且逐渐减小的垂直运动速度和逐渐增大的水平方向速度使得这种倾斜逐渐加剧,随着射流逐渐向材料底部运动,逐渐增大的倾斜冲蚀角使得拖尾角度逐渐增大,在射流从材料底部射出后,倾斜冲蚀角达到最大,拖尾角度也达到最大。这与实验中所呈现的现象(图 3.24)是吻合的。

根据 Hashish 以及 Bitter 等人的研究,磨料水射流切割主要是磨料颗粒的微切削、微犁削和磨料颗粒的冲蚀变形。当磨料颗粒的冲蚀角度较小、冲蚀速度较高时,材料主要冲蚀作用形态为微切削和微犁削,因此,图 3.26(a)中上部区域的微观损伤更多地体现为较长而浅的犁削沟痕,此时得到的冲蚀表面形貌较为平整,表现为图 3.24 和图 3.25 冲蚀断面上部的光滑区。随着冲蚀深度增加,当磨料颗粒的冲蚀角度较大而速度较低时,射流发生偏转,此时磨料颗粒的作用形态主要表现为冲蚀变形,所以图 3.26(b)中下部的微观损伤更多地体现为短而深的变形冲蚀坑。

3.5.3 射流偏转及条纹形成机理分析

根据前文所述材料切割断面宏观形貌特征分析的研究结论可知,射流在冲蚀过程中的偏转是射流的固有属性,这一固有属性的形成原因与磨料颗粒冲蚀运动特性密切相关。而根据图 3.30 可知,随着磨料水射流冲蚀深度的加深,磨料颗粒对材料的冲蚀方式由微切削、微犁削向冲蚀变形转变,射流侵蚀能力下降,偏转逐渐增大。根据 Hashish 的冲蚀理论,由于水和磨料的惯性不同,磨料的偏转滞后于水,因此,射流偏转过程中磨料和水会发生分离,造成磨料颗粒发生集中冲蚀,形成冲蚀台阶。随着切割深度的增加,冲蚀台阶逐渐变大,台阶的交叉重叠增大了材料冲蚀断面的粗糙度,表现为图 3.24 和图 3.25 所示的冲蚀断面的中部过渡区和下部变形区。磨料水射流冲蚀台阶的形成及发展过程如图 3.32 所示。

在台阶形成的初始阶段,磨料的偏转和集中冲蚀效应并不稳定,此时磨料的集中冲蚀效应容易受到切缝两侧壁面的不对称反射作用,不对称反射作用造成不稳定的集中冲蚀发生微小偏转,形成瞬时的不对称冲蚀台阶。造成壁面不对称反射作用的因素可能是材料在切割过程中的振动,也可能是材料内部缺陷,抑或是射流在向横移反方向反射时对磨料集中冲蚀的干扰。这些因素造成磨料集中冲蚀的初始微小偏转会随着持续的集中冲蚀作用得到强化,当形成稳定和明显的台阶后，造成台阶沿着初始微小偏转方向持续演变，最终体现为射流在垂直于射流横移平面内明显摆动，并且由于偏转随切割深度的增加愈发明显，因此，材料断面粗糙度随着切割深度的增大而增大。由于材料切割过程中，材料的振动、材料本身的内部缺陷和射流沿横移反方向的反射干扰作用都具有随机性和不可避免性，因此，切割条纹是磨料水射流切割的固有特征属性。

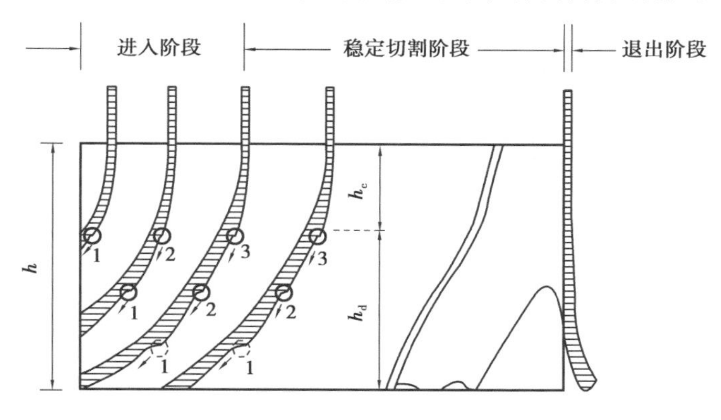

图 3.32　冲蚀台阶的形成与发展

3.5.4　不同金属材料冲蚀断面形貌对比分析

为论证以上分析结果对其他金属材料的适用性，在 60 mm/min 切割横移速度条件下，进行对比实验和分析，实验中其他条件与表 3.2 中的参数相同。选取 304 L 不锈钢和 45 号钢作为对比实验材料。与 Q345 钢相比，45 号钢硬度稍大，且两者硬度都大于 304L 不锈钢。实验得到的不同金属材料冲蚀断面形貌如图 3.33 所示。

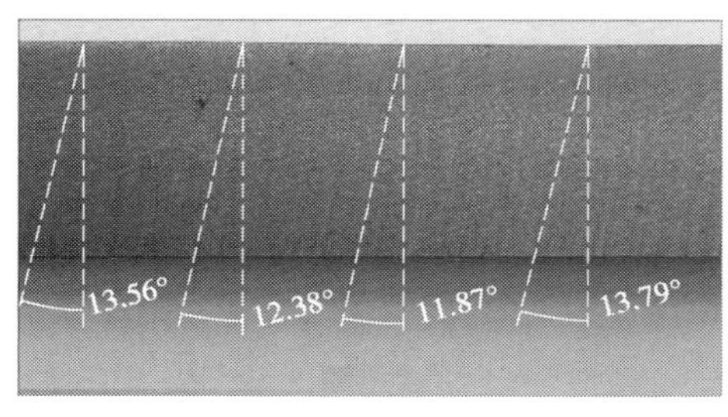

(a) 304L不锈钢

27.58°　25.79°　26.30°　28.42°

(b) 45号钢

图 3.33　不同金属材料冲蚀断面形貌

从图 3.33 可以看出，不同金属材料的冲蚀断面具有类似形貌，材料冲蚀断面都由光滑区和粗糙区组成，条纹拖尾角度随着冲蚀深度的增加而变大，最大条纹拖尾角出现在材料底部，这些特征与前文分析中呈现出的材料切割断面形貌特征类似，前文的机理分析同样能够用来解释这些现象。可以认为前文所述磨料水射流切割机理对金属材料而言具有普适性。

但是，从图 3.33 中还可以看出，不同材料断面的局部特征也具有较大的差别。其中，304 L 不锈钢的断面主要为光滑区，变形区处于材料冲蚀断面下部，且条纹拖尾角度较小，最大拖尾角平均值为 12.90°。45 号钢的冲蚀断面十分粗糙，从断面上部位置开始出现明显条纹，条纹拖尾角度较大，最大拖尾角平均值为 27.02°。而图 3.24(c)中，Q345 钢材的冲蚀断面条纹从断面中部位置出现，且条纹拖尾角度介于 304 L 不锈钢和 45 号钢之间。不同材料冲蚀断面形貌的差异是由材料属性差异对磨料冲蚀过程的影响造成的。材料硬度越大，材料损伤所需要的能量越大，磨料冲蚀过程中的垂直动能消耗越快，磨料冲蚀角度发生倾斜更加迅速，使得冲蚀形态更快地由高速微切削、微犁削转变为低速冲蚀变形。因此，在相同冲蚀深度处，硬度越大的材料，其条纹拖尾角越大，且冲蚀台阶形成的深度越浅，相应的条纹覆盖区域更加靠近断面上部位置。

3.5.5 未切穿条件下磨料水射流切割过程分析

根据前文的研究可知，磨料水射流切割过程中，切穿条件和未切穿条件下的材料切割断面宏观及微观损伤形貌特征都具有较大的差异。为了分析实验中复杂规律产生的原因，对未切穿条件下的磨料水射流切割过程进行仿真。考虑到计算资源有限，预先在钢板上建立一定长度的切缝，参考前人的研究方法，利用圆弧模拟切缝一端的拖尾情况。将磨料水射流冲蚀位置设置为切缝端部。其中切缝前端面最大拖尾角度设定为 45°，这一数值是参考前文切割断面最大拖尾角进行的取值。仿真模型如图 3.34 所示。

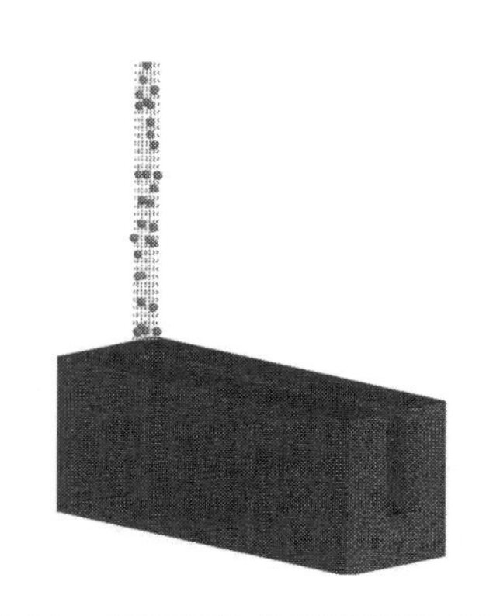

图3.34 未切穿条件下切割仿真模型

图3.35为未切穿条件下磨料水射流冲蚀过程。

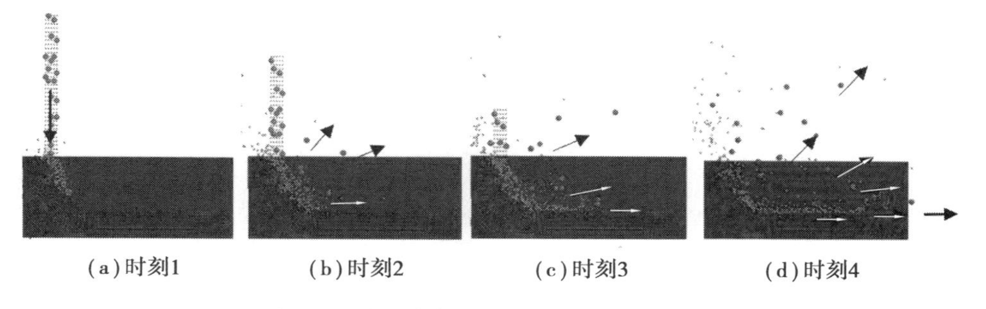

图3.35 未切穿条件下磨料水射流冲蚀过程

由图3.35可知,钢板未切穿条件下,磨料水射流运动到切缝底部后,由于受到后续射流的排挤作用,会沿着已经形成的切缝向材料右侧运动。在切缝内做排挤运动时,一部分磨料具有向上的速度分量,因此会通过切缝表面飞溅出去;另一部分磨料则会沿着已经形成的切缝底部做横向导流运动。由于磨料颗粒在一次冲蚀后,往往具有较大的剩余能量,因此,在做排挤运动的射流中,部分磨料颗粒仍然具有较高的动能,具有对材料继续冲蚀的能力。向材料上表面飞溅或沿着已经形成的切缝底部向下游做横向导流运动的磨料颗粒会对切缝两侧壁面材料产生二次冲蚀。因此,在图3.27(a)中观察到了具有两种方向的犁削沟痕,可以认为这些犁削沟痕分别是由射流垂直向下的直接冲蚀和二次冲蚀形成的。当射流沿着切缝底部做导流运动时,磨料颗粒的二次冲蚀会产生类似钻孔过程中的二次冲蚀作用,使得切缝底部壁面被不断冲蚀,逐渐形成实验中观察到的横向冲蚀沟[图 3.24(f)],且横向冲蚀沟内具有与通孔冲蚀壁面类似的明显犁削沟痕[图 3.27(b)]。

为了进一步说明二次冲蚀的作用,采用与图 3.24(f)中相同的参数进行切割实验,但是要将 Q345 板材换成 8.0 mm 厚。切割结果如图 3.36 所示。

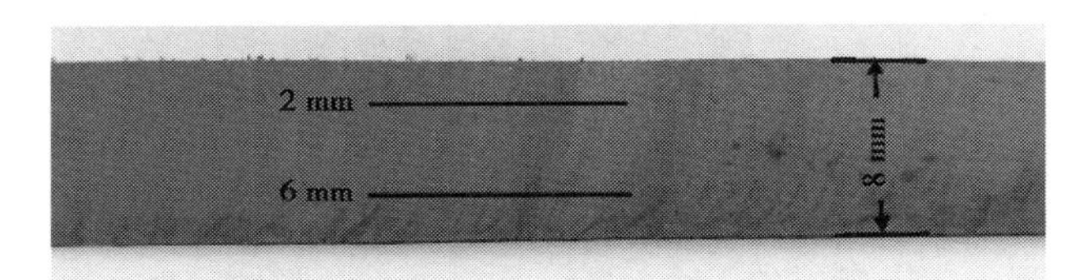

图 3.36　8.0 mm 厚 Q345 钢板的切割结果

分别测量 8.0 mm 钢板切穿条件下和 10.0 mm 钢板未切穿条件下的材料断面粗糙度。为了使结果具有对比性,测量粗糙度的区域均位于钢板切割深度为 2.0 mm 以及 6.0 mm 处。表面粗糙度仪如图 3.37 所示。

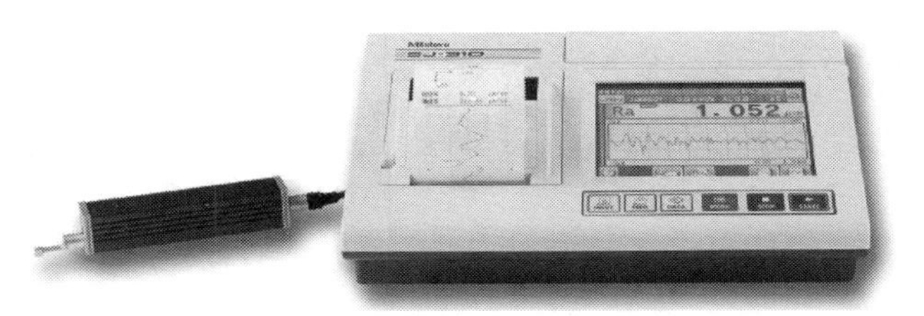

图 3.37　Mitutoyo SJ-310 表面粗糙度仪

图 3.38 和图 3.39 为切缝粗糙度测量结果。

由图 3.38 和图 3.39 可知,由于下游切缝壁面受到二次冲蚀作用,因此未切穿条件下钢板的粗糙度比切穿条件下的粗糙度低。材料未切穿条件下,磨料颗粒会从切缝底部向下游切缝做排挤飞溅和导流运动,使得磨料颗粒对下游切缝进行持续的二次冲蚀作用。未切穿条件下材料壁面呈现的两种冲蚀方向分别是由射流直接冲蚀和二次冲蚀产生的。二次冲蚀作用不但使切缝下游断面粗糙度下降,还会在切缝底部形成横向冲蚀沟。

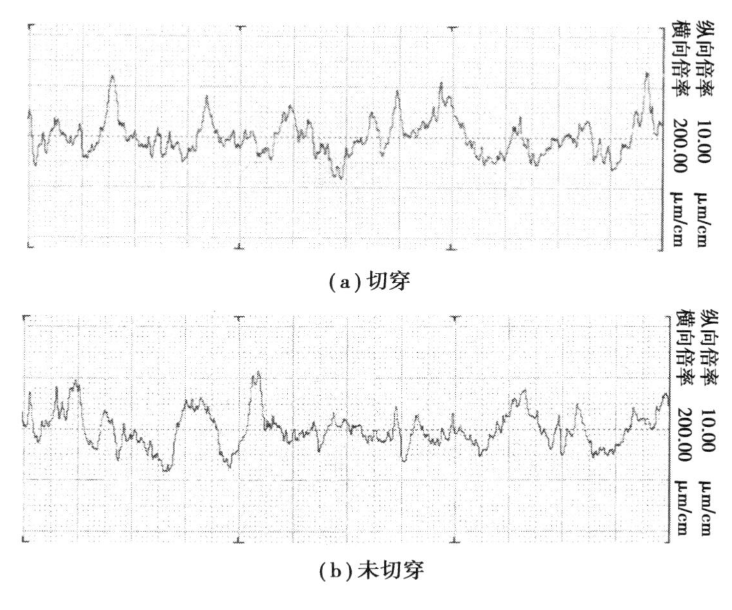

(a) 切穿

(b) 未切穿

图3.38　2.0 mm 切缝深度区域的粗糙度测量结果

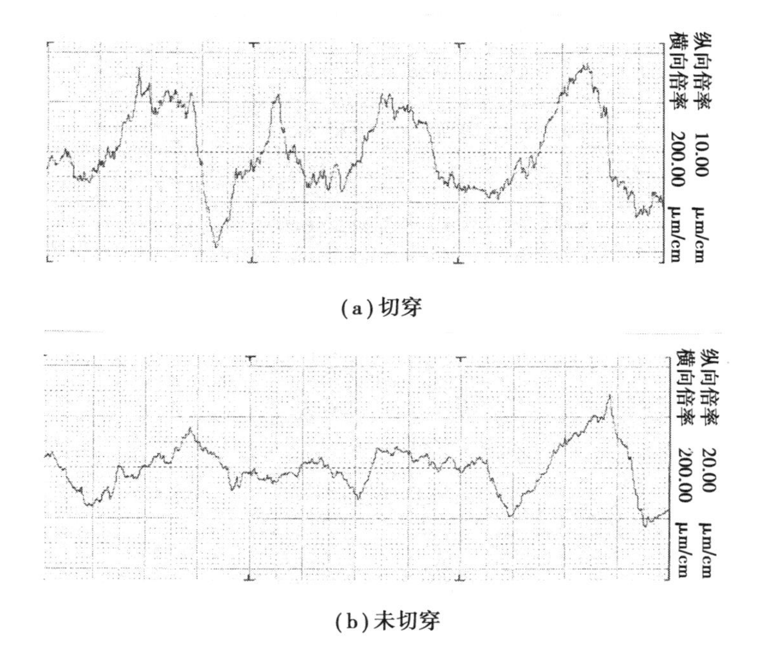

(a) 切穿

(b) 未切穿

图3.39　6.0 mm 切缝深度区域的粗糙度测量结果

第4章　油气环境磨料水射流切割特性

本书是以油气环境下的应急切割为研究背景，油库、加油站是最常见、最典型的油气场所，这里的设施设备主要是储油罐、输油管线、输油泵房、收发油栈桥及其他附属设施。常用材料主要是钢铁、混凝土、塑料和橡胶。钢材包括碳素钢、合金钢和不锈钢，主要用于油罐、管线和附件设施；混凝土用于洞库、覆土油罐罐室、工艺泵房等建（构）筑物；塑料和橡胶用得并不多，主要是标志标牌、胶管、密封件等。从应急切割的角度出发，钢材和混凝土是切割破拆的主要对象，也是作业难度最大的材料。

本书以射流切割为切入点，以油库常见工艺材料为对象，选择Q235、Q345、X60、X70、X80、X90、X100、X120和304不锈钢等多种金属材料和混凝土进行切割实验，并对最常用的碳素钢Q235进行重点研究，确保研究结果在目前的切割领域具有较大的适用性。

4.1　磨料水射流切割实验方案

（1）实验样品准备

实验材料分别选择钢材和混凝土，将九种不同型号的钢板加工成为300 mm×100 mm×100 mm的实验样品；选择厚度为300 mm的混凝土砌块作为实验样品。实验前对样品进行清洗、干燥、称重，并采取隔离空气等措施防止金属样品生锈,影响实验效果,实验样品实物如图4.1所示。

(a)金属实验样品

(b)混凝土实验样品

图4.1　实验样品实物图

(2)实验方法

样品放置在实验平台,将切割位置调整到零点,开始时喷嘴与实验样品距离调整为5 mm,检查仪器仪表读数,打开电源开关;开阀供水,启动主机,调整压力调节阀,达到所需的工作压力30 MPa;待射流喷嘴稳定喷射30 s后,开启磨料供给装置阀门,使磨料进入高压管路,待磨料与水充分混合并抵达喷嘴处后,启动切割执行机构,开始对样品进行切割。

待样品目标切割完毕,停止切割执行机构,关闭磨料供给装置阀门,等待不少于1 min的时间,再关闭射流切割主机,避免直接停机导致磨料堵塞喷嘴。实验完成后,将切割后的样品进行吹扫并测量其切割深度,记录实验数据。

为了避免磨料在管路和喷嘴处发生堵塞,影响切割效果,根据操作流程,磨料水射流切割过程划分为五个阶段:

阶段一:纯水低压期,系统开始运行后,水在泵的作用下从低压逐渐升高,但由于初始压力为大气压,喷嘴处能量聚集程度较低,磨料罐处于关闭状态,因此管路与喷嘴处磨损忽略不计。

阶段二:纯水高压期,当泵的压力不断增加时,喷嘴处逐渐产生了聚集水流,形成了极高的流速和能量释放,并由此形成了高速纯水射流,经过计算,流速不小于 500 m/s,与靶物产生碰撞后溅射形成水雾,并对金属表面产生清洗除锈的效果。

阶段三:磨料高压期,当纯水射流稳定一段时间后,压力达到规定值 30 MPa,打开磨料罐开关,此时磨料伴随水流沿管路向喷嘴处运动;磨料速度随水流速度增加,在管路内形成均匀混合的磨料水混合物,在喷嘴处压力达到最高值 50 MPa。由于此阶段属于切割金属的关键期,因此需要等待磨料输出稳定后再进行切割,避免切割效果不均匀。

阶段四:纯水高压期,当切割工作完成后,将磨料罐关闭,此时管路中仍然存在大量的磨料,此时不能直接减压停泵,需要继续保持压力一段时间,等待磨料全部通过喷嘴后,管路与喷嘴内不再存有磨料。

阶段五:纯水低压期,当磨料全部从管路和喷嘴中流出,不会出现堵塞管路和喷嘴后,通过减压阀逐渐降至泵出口的压力,能量释放基本结束,等压力低于 10 MPa 后停泵。

4.2 磨料水射流切割实验平台

根据应急切割需要,为实现对一定厚度的金属材料的切割,常规的纯水射流需要几百兆帕压力,对于高压泵等设备的要求很高,带来了设备体积笨重、维护难度高等不利因素,不适用于应急切割领域。通过添加磨料能有效降低压力数量级,在几十兆帕压力下实现对金属等材料的切割破拆,因此,本书选择磨料水射流技术作为应急切割装置的技术原理,通过实验研究获取相应的技术指标。

射流切割实验平台主要由喷嘴、实验主机、磨料供给装置、实验控制机构、切割执行装置,以及高压管路、压力表、流量计等其他实验装置组成。其基本原理如图 4.2 所示。

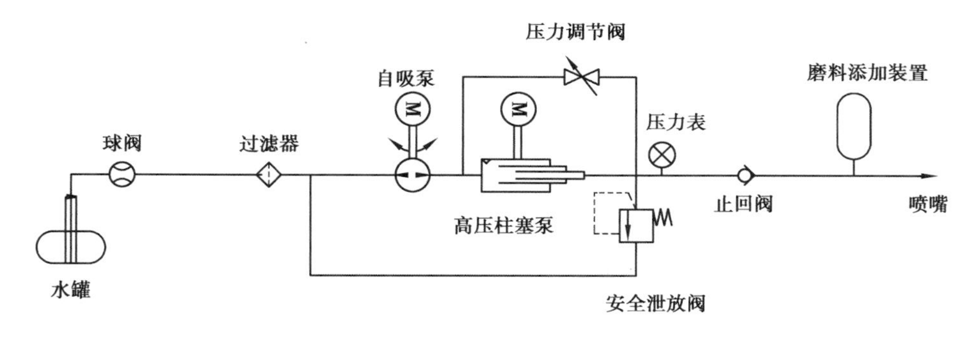

图4.2　射流切割实验基本原理

如图4.2所示，根据磨料水射流的技术特点，选用电动机作为动力源，避免二次机械增压带来的设备体积庞大、移动性差等缺点，提高其适用性。水从水罐内经自吸泵引入管路中，经过球阀和过滤器后，再经过往复泵进行增压，高压管路内通过磨料罐进行磨料和水的混合，混合后的磨料水经喷嘴加速后，最终形成高压水射流。在实验系统中，将动力源、主机、磨料添加装置、高压管路和喷嘴通过系统集成在一起构成主机，压力调节阀通过调节回流大小来控制压力，安全泄放阀在管路超压或喷嘴堵塞时实现自动泄放，避免出现设备损坏。根据实验原理，对各种实验装置进行设计选型。

（1）喷嘴

根据已有实验，基于经济性与实用性原则，本书实验选择了通用型 Flow 喷嘴。喷嘴采用碳化钨材料制成，强度与耐磨性符合实验要求，尺寸为标准砂管喷嘴，具有很好的耐氧化特性和热膨胀系数，可以保证在2 000 MPa 的压力下实现抗弯和应力应变曲线，使用寿命在 130 h 左右。其具体参数及实物图如图4.3所示。

（2）加压设备

结合磨料水射流的技术特点，通过项目调研和技术资料查询，实验主机采用防爆电机、电动自吸泵、高压柱塞泵、压力表、安全阀、高压管路等多个设备搭建。加压设备具体参数如表4.1所示。高压水射流实验主机如图4.4所示。

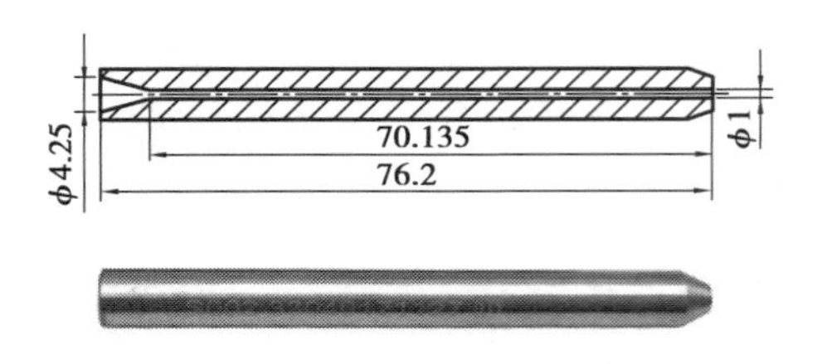

(a)喷嘴结构参数及装配前的实物图

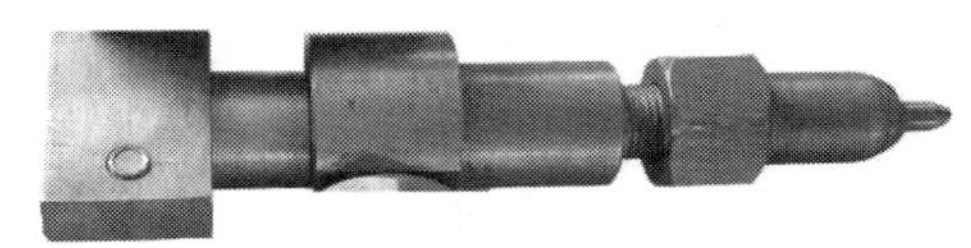

(b)装配后的喷嘴实物图

图 4.3　喷嘴结构设计及实物图

表 4.1　加压设备及配件参数

序　号	设备名称	型　号	性能参数
1	防爆电机	YB/3-225	额定功率 22 kW,额定转速 1 290 r/m,三相异步电动机,隔爆型
2	电动自吸泵	50SFBX-22	功率 2 200 W,流量 30 m^3/h,最大扬程 30 m,单吸半开式叶轮,转速 2 860 r/min
3	高压柱塞泵	VY-B20/1000R	功率 35.8 kW,100 MPa,1 000 r/min,3 柱塞,流量 15 L/min
4	压力表	YG-150	量程 0 ~ 160 MPa,精度 1.6 级
5	安全阀	VS600	最大流量 100 L/min,泄压压力 60 MPa
6	高压管路	3-8-54	多层钢丝编织液压胶管,管径 8 mm,最大压力 70 MPa,爆破压力 180 MPa

图 4.4　高压水射流实验主机

（3）磨料供给装置设计

磨料供给装置的主要作用是提供连续供应磨料、提前混合等，其供给效果直接影响射流切割效果。传统的磨料供给装置一般都需要采用一定的防护手段，使用高压容器，容易造成供料不均匀，影响切割效果。实际磨料供给装置如图 4.5 所示。

图 4.5　磨料供给装置实物图

根据切割作业要求，磨料添加过程应该控制供料速度，使磨料与水的混合浓度基本不变，避免产生切割效率的变化，影响切割效果。普通的磨料罐通过射流流动产生的压差带动磨料进入混合腔。虽然结构简单便于维护，但是随着磨料的不断消耗，剩余磨料逐渐减少，高度和压力随之降低，进入混合腔的磨料浓度也会逐渐减少，影响磨料水射流的切割能力。

为了避免磨料含量变化引起供料速度改变，对磨料罐结构进行了优化，通过改变高压水流动方向，实现磨料与水的自动混合。磨料供给装置的工作原理是：通过管路将水流分为两个方向，其中部分水流经过预紧弹簧将阀门冲开，流入预混室内，与磨料进行初步混合，然后再经过球阀进入混合腔；其余水流在混合腔内流动产生压力差，带动上方的磨料与水充分混合，最后流出磨料罐，进入高压管路。磨料混合过程中，待混合磨料时通过小型入口与其他磨料分离，避免了大量磨料的堵塞。通过调整预紧弹簧来控制水流的大小，从而改变磨料供给速度,避免了频繁开闭球阀导致的供料不稳定。

(4)实验控制机构

实验控制机构包括实验控制台和控制软件系统两部分组成,能够控制五轴方向的移动作业,既可以选择手动操作,也可以提前编程实现自动操作。实验控制台如图 4.6 所示。

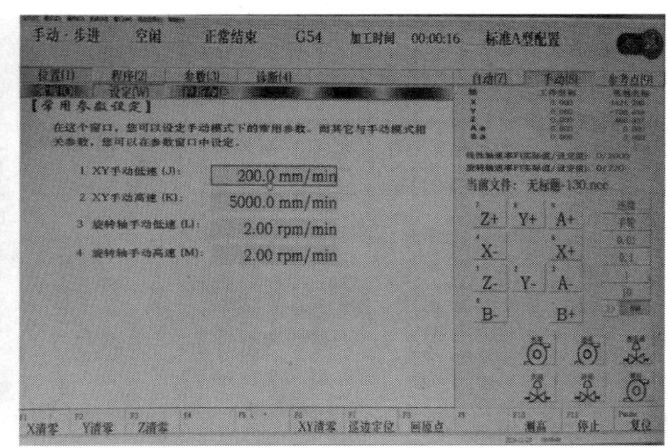

图 4.6 实验控制台

在实验中,运用 Ncstudio 软件实现切割参数(包括射流喷嘴的靶距、移动速度、切割位置等)的控制,完成操作原点选定与进程调整,并进行不同参数的对比。该装置可将误差控制在 0.01 mm,相比传统的手动操作装置,控制精准度更高且便于操作,完全满足实验的要求。

(5)切割执行装置

选择 5 轴数控机床作为射流切割执行装置,可以实现五个方向的运动控制,包括 X,Y,Z 三维的线性运动和 A,B 两维的旋转运动。通过实验控制机构控制运动参数,实现在不同运动参数下的程序控制。具体实物如图 4.7 所示。

数控机床采用螺纹丝扣的方式控制喷嘴的移动,最小移动距离为 0.01 mm,既可以通过软件连续控制,也可以采用手轮手动控制。开始实验前,首先设置 X,Y,Z 的原点,每次切割完毕后,喷嘴自动返回原点;手动调整横向距离后,继续下一次切割。相比于手持式和普通的执行装置,采用机床作为切割执行机构,具有精准控制和稳定性强的优点。

图4.7　切割执行装置实物图

(6)其他实验装置

其他实验装置还包括高压管路、压力表、流量计和支撑箱体等。实验中选用承压能力为70 MPa的高压管路,其直径为10 mm,采用高压快速接头连接射流主机、磨料供给装置和喷嘴,可以根据实际需要调整实验装置,以获得更好的实验效果。最终得到了射流切割实验平台,具体如图4.8所示。

图4.8　射流切割实验平台

4.3 操作参数对切割深度的影响

(1)金属切割结果分析

由于不易创设油气环境,危险环境下金属切割危险性较大,并且在化工场所切割的工程实践中发现,实际切割过程中影响金属切割深度的主要因素是压力、靶距和磨料等,所以油气环境对射流切割深度影响不大,可以忽略不计。

根据实际应急切割的要求,采用前混合式磨料水射流对钢板进行切割,得到了不同操作参数下的切割深度,并对实验数据进行了测量和统计。图 4.9 所示为部分切割效果图。

(a)切割正面　　(b)切割侧面

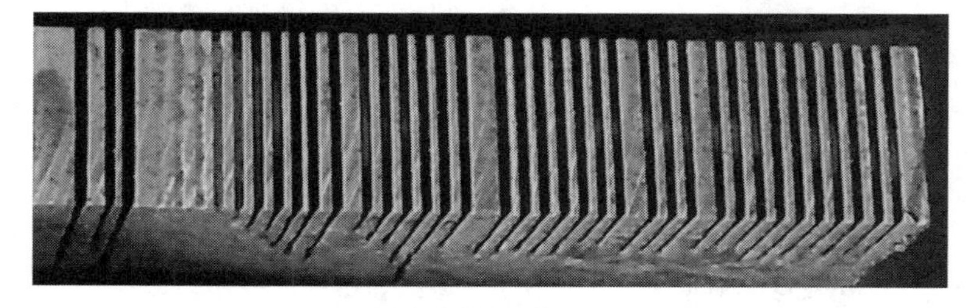

(c)不同参数下金属切割局部效果

图 4.9　金属切割效果图

在图 4.9(a)中可以发现,每次切割距离设定为 2 mm,切割之间的最终效果比较均匀，执行机构能够较好地完成预定的参数要求和精度要求；不同的压力和切割速度得到的切割深度有所区别，与预想结果一致。切割中发现在喷嘴开始和快结束时产生的冲击力较大，容易影响切缝的质量，原因是切割过程中射流冲击靶物内部，受力比较均匀，在刚开始时和快结束时，射流冲击靶物边缘，容易造成单侧受力，造成靶物移动。切割过程中在首尾处常出现切割不彻底的现象，影响实际切割效果，为避免这种情况，可通过调整喷嘴移动速度来解决这个问题。在开始时喷嘴移动速度减慢，等到进行一段距离（10 mm）之后，加快切割速度至预定速度，接近尾部时再放慢速度，确保切割彻底，防止出现粘连现象。

在图4.9（b）中可以发现，切割侧面上，不同切缝的深度具有较大的差异，这是因为切割参数的调整，能够有效影响实际切割效果，部分切缝几乎切穿了100 mm厚的钢板。也有的切割深度参差不齐，只要改变切割速度和切割压力等参数，就能获得不同的切割效果。相比机械切割和气割等其他切割手段，射流具有更大的调整范围，说明切割参数对切割深度的影响非常大，预测切割参数对于应急切割而言更有重要意义。

如图4.9（c）所示，正面的切缝断面非常整齐，宽度一致，但是侧面的切缝就出现了明显的凹凸表面。这是因为随着喷嘴打击距离的增加，磨料射流的密集度降低，产生的冲蚀效果向周围扩散，造成较远距离的切割质量下降。这也进一步说明靶距不仅影响切割深度，而且影响切缝质量。在进行管道切割时要注意调整切割靶距，避免过大或过小，从而影响切缝质量和切割进度，进而影响管道的应急更换作业。

（2）磨料影响效果分析

在分析不同阶段磨料对金属冲击载荷的影响时，选用以下实验条件：压力30 MPa、靶距4 mm、移动速度50 mm/min，除磨料添加外，其他实验参数保持一致，分别用磨料水射流与纯水射流对钢板进行切割，实验结果对比如图4.10所示。

(a)磨料水射流切割金属

(b)纯水射流冲击金属

图 4.10　磨料对射流切割影响对比图

从图 4.10 中可以看出,磨料水射流能够顺利完成对金属材料的切割,且切缝均匀、规则,表明在 30 MPa 的压力参数下,磨料水射流具有切割 100 mm 厚钢板的能力。但 30 MPa 的纯水射流则不能完成对金属材料的切割,不能形成切缝,只出现了一道宽度 1 mm 左右的光亮痕迹,仅达到了一定的除锈效果。经过多组对比实验发现,在 50 MPa 以内,纯水射流不能实现对钢板的切割。切割主要由磨料随水流产生的高速冲击力实现,并非直接由水流作用,水流主要起加速磨料和冲洗除锈等作用。利用纯水切割,需要 700 ~ 1 000 MPa 的压力,不仅设备价格昂贵,而且操作、维护、保养要求非常高,不宜用于应急切割场合。因此,油气危险环境下应急切割的研究重点应放在磨料水射流上,纯水射流可以用于金属表面除锈和清洗等其他场所。

(3)工作压力影响

为了分析工作压力对金属 Q235 切割深度的影响,分别在 40 mm/min,60 mm/min,80 mm/min 和 100 mm/min 切割速度下,对比了不同压力下金属切割深度的变化特性。其他实验参数分别为:压力 20 ~ 50 MPa、喷嘴直径 1 mm、靶距 5 mm、切割角度 90°、工作压力每次增加 5 MPa,切割深度与工作压力关系如图 4.11 所示。

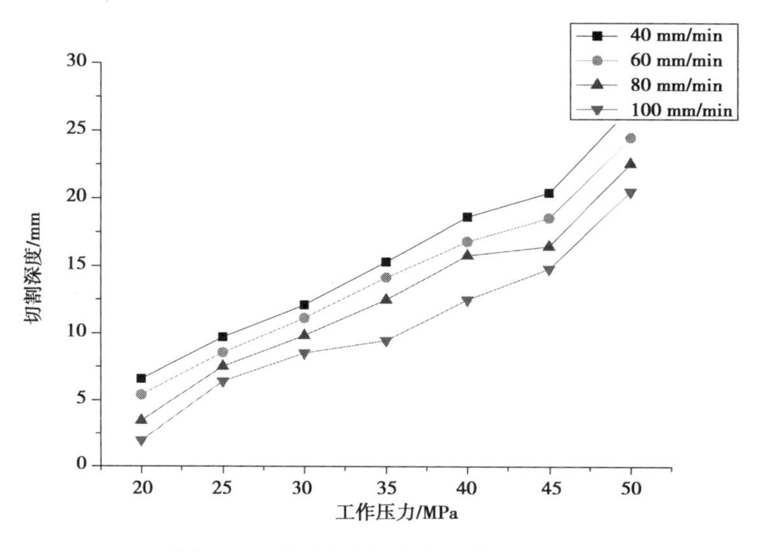

图4.11　射流切割深度与工作压力关系

从图4.11中可以看出,随着压力的增加,切割深度也不断增加,这是射流切割材料的最大特性。实验结果显示,在磨料的作用下,当切割速度较小时,在20 MPa的工作压力下,射流也可以达到7 mm左右的切割深度,但是当切割速度超过一定限额,如100 mm/min时,切割深度为2 mm。因此,实验得到以下结论:相同压力下,切割速度越快,切割深度越小。在射流切割过程中,切割深度不仅与工作压力有关,还受移动速度、靶距等多个参数的影响,但是压力是影响切割过程中产生火花的最关键因素,因此应该根据实际需要选择工作压力,提高切割效率。在油气环境下进行切割时,应该在满足切割要求的前提下,尽量降低切割压力,确保不产生火花等危险因素,减少事故发生的概率。

(4)靶距影响

分别在20 MPa,30 MPa和40 MPa的工作压力下,在同等实验条件下对Q235钢板进行切割实验,分别选择2~7 mm的靶距进行切割对比实验,得到了靶距与切割深度之间的关系,具体如图4.12所示。

从图4.12可以看出,随着靶距的增大,切割深度先增加后减小,说明在不同参数的射流切割中具有最佳靶距,不同压力下最佳靶距都出现在4~5 mm之间,原因是射流从喷嘴喷出后,磨料有一个加速过程,经过一段距离后打击力最大;靶距也不能超过一定范围,因为在射流冲击过程中,随着靶距的增加,射流的流束会逐渐扩散,影响切缝质量和切割深度;靶物表面可能存在凹凸不平的情况,因此还要防止靶物与喷嘴发生碰撞,避免造成喷嘴及执行装置损坏;在进行切割过程中,一般将喷嘴靶距控制在 2 ~5 mm。

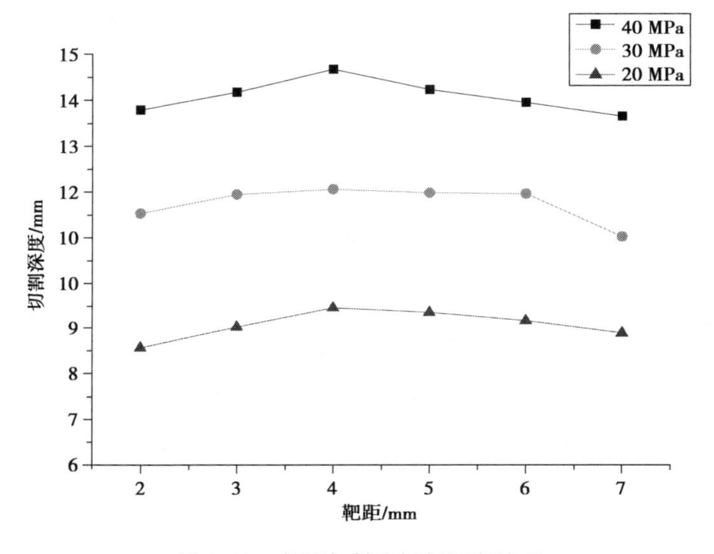

图 4.12　靶距与射流切割深度关系

在射流切割的实际应用中,靶距最容易发生变化,也是影响射流切割的主要执行参数,距离过大会导致切割效果较差,距离太小又会造成喷嘴与靶物碰撞,造成喷嘴的损坏。因此,本书专门设计了一种有针对性的切割执行装置,能够实现在平面情况下实现喷嘴与靶物之间距离的固定。

(5)切割角度影响

在实际切割破拆过程中,由于空间和对象的不确定性,不可能像机械加工那样完全实现垂直切割。因此,切割角度对切割效果的影响也是研究的一部分,在其他参数相同条件下,选择不同的切割角度进行对比实验(本书所述的切割角度是指射流方向与喷嘴移动方向之间的夹角),对 Q235 钢板进行切割实验，得到了切割角度与切割深度之间的关系，具体如图 4.13 所示。

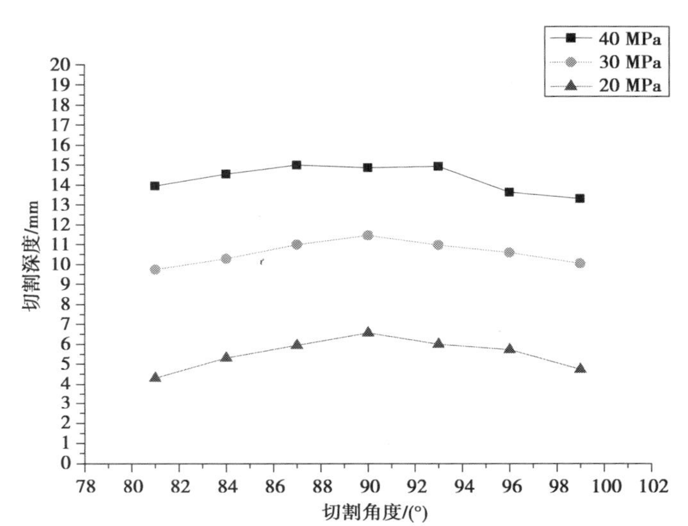

图 4.13　切割角度与射流切割深度关系

从图 4.13 中可以看出，在切割 Q235 钢板的过程中，不同的切割角度所达到的切割深度有所区别；在切割角度为 90°时，切割深度处于最大水平附近，当切割角度发生变化时，无论变大还是变小，切割深度都会随之减小，变化幅度不大。这说明在切割中，尽可能保证垂直切割有利于切割效率的提升，如果有其他条件限制造成倾斜切割时，需要增加射流压力或降低切割速度，以确保切割效果。

发生这种情况的原因是：射流的能量主要集中在核心区域，当切割角度为 90°时，射流冲击的能量垂直作用于金属靶物，并发生能量交换；而喷嘴倾斜时，核心区域的能量一部分与靶物发生作用，另一部分则逸散在空气中，没有与靶物发生直接作用；采用倾斜的切割角度，也造成了喷嘴与靶物之间距离的增加，角度越大，距离越远，也影响了切割效果。

(6)移动速度影响

移动速度是影响切割效率的重要参数，实验分别针对不同条件下的移动速度，对 Q235 钢板进行了对比实验，现将 20 MPa，30 MPa 和 40 MPa 压力下的移动速度对切割深度的影响进行对比,如图 4.14 所示。

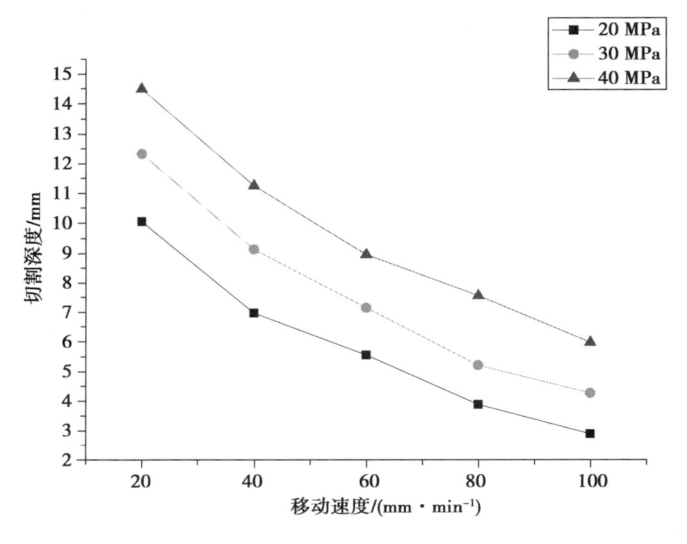

图 4.14　移动速度与射流切割深度关系

由图 4.14 可以得到以下结论:切割速度越大,切割深度越小。在切割剖面实验中发现,切割速度越快,切割的断面越粗糙,甚至造成个别部位发生粘连。解决这个问题的方法有两个:一是提高切割压力,二是降低切割速度。因此在实际切割中,需要针对不同的情况选择合适的切割移动速度,适当降低切割速度,避免造成靶物切割不彻底,影响切割效果。

(7)**混凝土切割验证实验**

采用前混合式磨料水射流,实验参数为:压力 50 MPa、靶距 3 mm、切割速度 30 mm/min、切割角度 90°,对混凝土进行验证性钻孔实验,经过多次切割,实验结果如图 4.15 所示。

从图 4.15 可以看出,射流切割能够切穿 300 mm 厚度的混凝土,一般框架结构建筑的承重墙厚度为 240 mm,非承重墙的厚度一般为 150 mm,射流切割深度超过了不同墙壁的厚度。从切割效果来看,通过前混合式磨料水射流切割混凝土,能够完成规定形状的切割效果,避免了普通破拆对整个混凝土结构应力的影响,适用于特殊情形下的抢修救援工作,如不稳定结构和易燃易爆环境下的切割破拆工作。但是经过实验发现，靶距增加后，切割断面的粗糙度也变大，需要在实际应用中加以考虑。

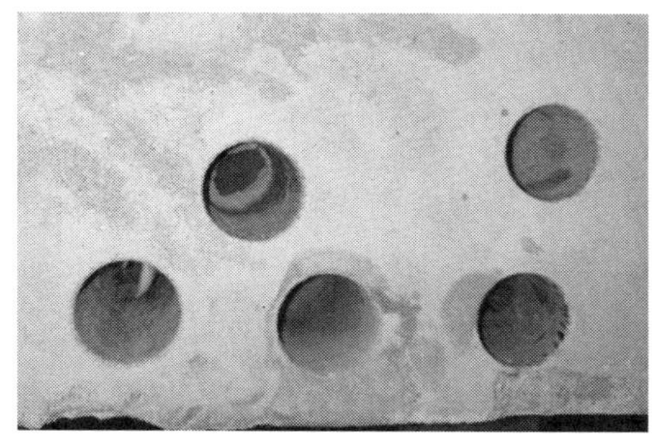
(a)混凝土钻孔切割效果

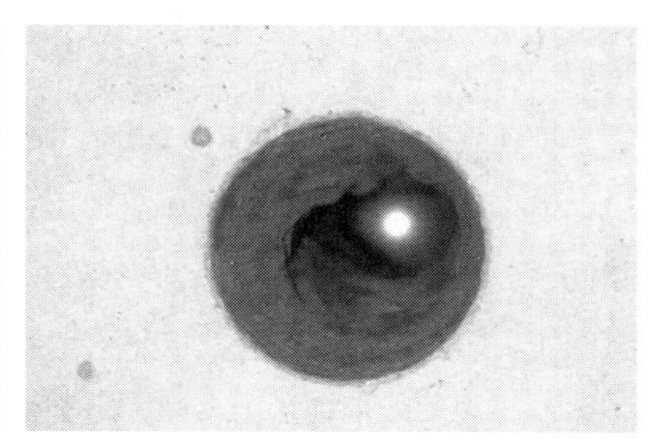
(b)单个钻孔效果

图4.15　混凝土切割效果

4.4　油气环境磨料水射流切割安全性研究

磨料水射流属于冷态切割，切割过程的热量难以聚集，特别适合爆炸物的处理，以及在易燃易爆场所进行切割作业。由于油气环境下的实验具有较大危险，所以本书对57 mm口径钢制炮弹壳体进行了切割实验研究，验证射流切割的安全性是否满足油气环境切割作业要求，同时在废弃弹药处理和射流应急切割装置研究方面进行探索。

(1)实验材料

由于弹药的弹壳材料分为钢制和铜制，钢的硬度和力学特性要优于铜，因此实验材料专门选择了304不锈钢进行对比实验研究，同时对57 mm口径炮弹壳体进行了切割实验，研究磨料水射流拆解废弃弹药的可行性。将金属材料按照不同材质加工为尺寸相同的样品，实验前对材料进行称重、测量，清洗、干燥后待用。实验介质包括液态水、石榴砂，石榴砂尺寸为80目，即粒径不大于0.16 mm。

(2)对比实验

分别采用前混合式磨料水射流和后混合式磨料水射流对金属进行切割,通过辅助应急切割装置操作喷嘴的匀速移动,根据多次实验的对比分析,选择喷嘴移动速度为2 000 mm/min、靶距为5 mm。

由于后混合式磨料射流所需的压力较大,如果与前混合式磨料水射流压力相同,则切割能力很差,为了达到切割效果,需要300 MPa以上的工作压力。通过图4.16发现,在后混合式磨料水射流切割金属的过程中,射流中的大量磨料颗粒对金属靶物进行撞击,产生了碰撞火花(见方框标记处),在前混合式磨料水射流切割金属靶物中没有发现火花,说明在油气环境下采取前混合式磨料水射流更加安全可靠。

(a)前混合式磨料水射流切割金属

(b)后混合式磨料水射流切割金属

图4.16 不同射流技术切割金属对比

(3)切割过程温度变化

实验仪器:MW65-SAT-HY6000 型红外热成像仪(工作环境温度-15 ~ 50 ℃,温度分辨率可达 0.08 ℃)。实验条件为:测温距离 2 m、环境温度 18 ℃左右。测试方法:当射流开始运行后,用红外热成像仪记录 120 s 靶物、喷嘴和管路等不同位置的升温变化。射流切割过程中的温度变化如图 4.17 所示。

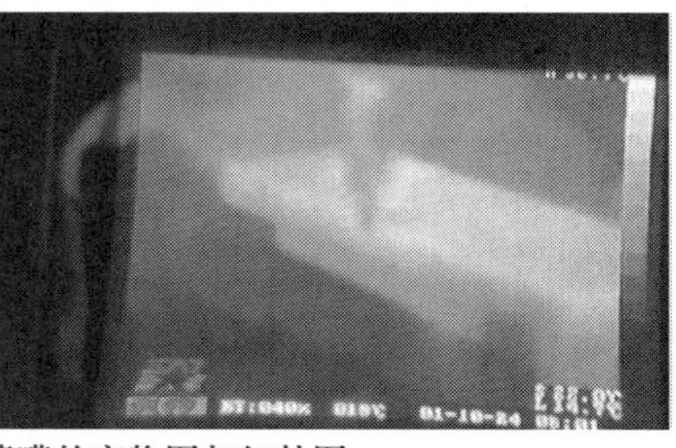

(a)切割开始前，喷嘴的实物图与红外图

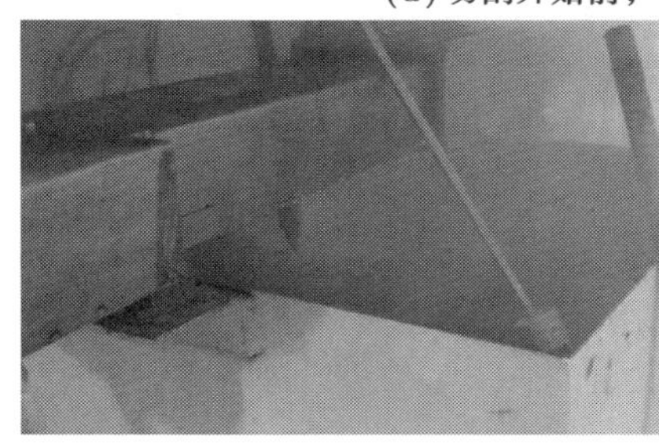
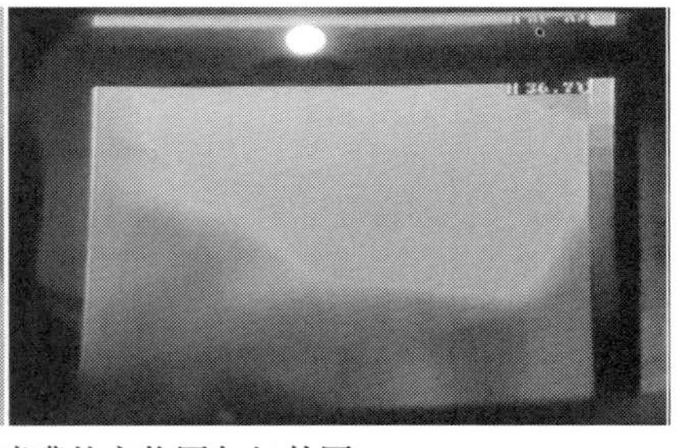

(b)切割过程中，喷嘴的实物图与红外图

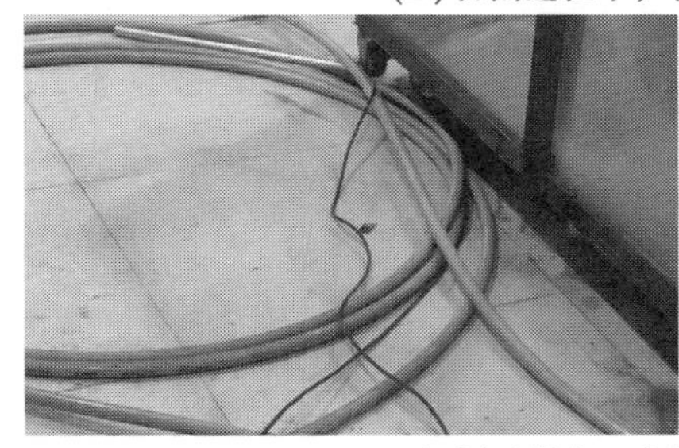
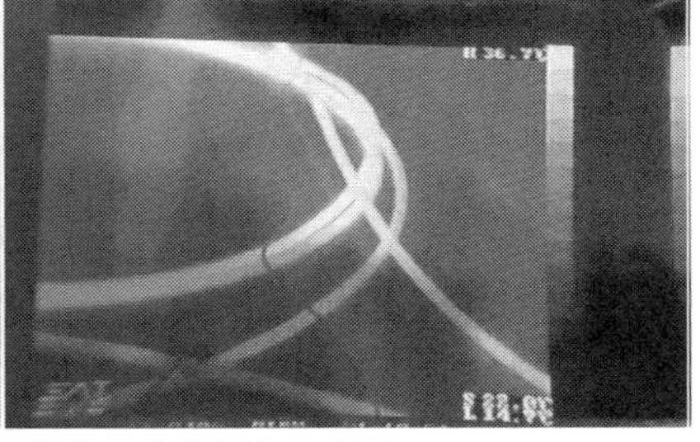

(c)切割过程中，高压管路的实物图与红外图

图 4.17　磨料水射流切割过程中的温度监测图

从图 4.17 中可以看出,切割前喷嘴与金属靶物的温度相同,没有热量的积聚;切割开始后,由于高压水从喷嘴处冲击靶物,磨料射流中磨料颗粒与材料的

冲击和摩擦产生大量的能量,由于水流能够带走部分热量,喷嘴处的温度基本处于 36.7 ℃,低于柴油的闪点 45 ℃;当对高压泵机组的运行加压时,由于高压和振动等,管路温度明显高于环境温度,并随着切割的进行,该热量可能会有积聚,在实际操作中要引起重视,以免在油气环境中出现安全隐患。

在磨料水射流切割金属靶物的过程中,开始时温度不断上升,这是因为磨料与金属材料之间的冲击与摩擦产生了热量聚集。但接下来由于水流的冲刷及时带走了许多热量,因此保证了温度一直维持在较低水平,且明显低于绝大多数弹药的爆发点,并满足大部分爆炸危险场所的温度要求。

磨料水射流切割的过程是在撞击区域产生极大的剪切应力,超过材料的剪切强度,从而使材料发生穿孔和缝隙受到破坏。对比分析切割前后的靶物,得到了实验样品的切割效果,在该切割参数下完全实现了对多种金属材料的切割,特别是很好地实现了炮弹壳体的切割效果。这说明采用磨料水射流拆解废弃弹药具有一定的可行性,下一步需要重点关注切割过程的安全性。

(4)切割安全模拟实验

对于射流切割安全而言,危险源是切割过程中不能避免热量积聚,从而引燃或引爆切割对象。由于油气环境下直接进行切割安全实验的危险性很大,对实验条件的要求很高。对于爆炸物和爆炸环境下的金属切割,由于实际切割的情况一般都是基于实践操作,很少在理论上进行突破,所以一直以来都是研究的难点。基于爆炸的基本原理,无论是爆炸物爆炸还是油气爆炸,都属于化学爆炸,其产生的必要条件包括有足够能量的点火源,而切割过程中是否产生火花、高温等点火源,是切割安全性的主要体现。

切割油气场所的金属与切割爆炸危险物具有一定的相通性,本书通过切割废弃弹药,模拟切割输油管道。实验对象为 57 mm 口径炮弹,其弹体原装药为 TNT 炸药,引爆药亦为 TNT 炸药;因实验条件受限,选择弹壳内部填充红磷等易燃物替代,采用夹具进行固定,记录切割过程中燃烧和温度的变化情况。射流切割废弃弹药的过程如图 4.18 所示。

图4.18　废弃弹药冷切割验证性实验

通过切割实验可以得出，射流能够完成对弹壳的切割，同时没有引燃易燃物。这说明在切割过程中温度虽然会升高，但这种热量聚集通常在大量冷态水的包围中，因此不会产生足够引爆炸药的能量，证明采用磨料水射流切割弹药具有一定可行性。

通过上面的实验获取了符合要求的金属切割处理工艺参数：水压30 MPa、靶距5 mm、磨料选取80目的石榴砂。磨料水射流对金属材料的切割主要包括冲击变形造成的冲蚀效果、磨料切削产生的应力及摩擦，切割的深度随着切割压力的增加而增加，靶物的材料和结构对切割的效果有一定影响，需要选取合适的切割方案，包括移动速度等。磨料水射流除应用于油气场所的应急切割外，还用于废弃弹药的切割处理。相比于传统处理手段，磨料水射流具有明显的安全性优势，具备处理大批量废弃弹药的能力，特别适合特殊环境下的弹药拆解处理。

4.5 油气环境应急切割关键技术指标

射流切割技术一直是国内外射流研究的热点，形成了多种射流切割设备产品，应用于机械加工、采矿、桥面破拆等领域，并制定了高压水射流设备标准规范，但是在应急切割领域还缺乏必要的理论方法，用于指导确定射流应急切割装置的技术性能指标。本书通过介绍射流应急切割装置的技术需求，对比现有射流设备的技术规范要求，提出射流应急切割装置的关键技术指标。

4.5.1 油气环境射流应急切割装置基本要求

由于应急救援往往在时间和地点方面具有不可预知性，所以现有的固定式水刀加工设备大多为车床式结构，体积大，机构复杂，其作用对象是小型的板式结构件或一些专用零部件；磨料混合大多采用后混合式，混合效果较差，要求的泵压高，对磨料射流系统管道材质强度要求也高，不能很好地满足油库（站）设备设施应急切割的需要。

在油库储油区、收发油作业区及输油管道沿线处，特别是在油库遭受自然灾害和战时毁坏等不可抗力时，对应急切割的时限要求很高，危险性强，具备相当的特殊性。根据之前的研究内容，射流应急切割装置主要技术要求包括以下内容。

①切割时保证无热量聚集，保证安全可靠；应该能够实现传统应急切割装置无法完成的油气环境下的应急切割作业，能有效提高应急切割装置的环境适应度。

②具备一个工作日的持续工作能力，在保证零部件更换的条件下，可以实现不间断的工作。

③具备相当的机动灵活性，通过小型化和便携式设计，具备快速抵达切割

现场的能力。

④能够通过调整压力、选择磨料和更换喷嘴等方式，实现不同环境下切割、破拆和清洗等多种功能。操作方法较为简单，对设备的运行、维护、保养要求不高，防爆性能强，应当采用易于获取的动力源，如内燃机或移动电源等。

4.5.2　现有设备技术指标对比

目前工业用的射流切割设备指的是形成了商品化的超高压水切割机。我国制定了国家标准《超高压水切割机》(GB/T 26136—2018)，用来明确其工作参数、技术方案、应用背景等内容。其主要技术指标包括工作压力、工作流量、噪声、超压保护措施以及运行可靠性等内容。

工作压力指的是射流切割设备在执行切割作业时的额定压力。工作压力根据使用范围不同分为低压、中压、高压、超高压等不同等级，能够实现对金属、石材、陶瓷等不同材料的切割破拆。工作流量是指射流设备在额定工作压力下的最大流量，单位为 L/min，是对水源容量及供给方式提出的一定要求。

噪声是射流切割设备作业中的有害产物，容易引起操作人员的疲劳，造成工作效率降低，并对周围环境造成影响。相关标准规定，切割作业时应采取相应的降噪措施，且噪声不应大于 90 dB(柴油机除外)。

超压保护要求设备在出厂时配备防护罩等保护装置，通过过载保护、压力检测、安全阀组和应急截断等方式，建立超压保护措施，避免因设备失控造成人员伤害。

运行可靠性主要是通过易损件的累计运行时间和设备总体使用时间来明确的，射流切割设备要求在正确使用的条件下，累计运行 1 000 h 或不少于 1 年的设计使用标准。其中，标准规定了主要部件累计使用时间，具体标准如表 4.2 所示。

射流切割所需的压力需通过超高压泵或增压器来实现，目前国产超高压发生设备的核心部件大多依赖国外进口，价格昂贵且受制于人，难以满足设备可靠性的需求,因此应当提高自主研发能力,采取应对措施保障相关设备国产化。

表 4.2　射流应急切割装置不同零部件的使用时间

部件	累计使用时间/h
磨料喷嘴	80
密封装置(<250 MPa)	300
密封装置(≥250 MPa)	150
阀组	200
高压发生装置	1 000 h 或 1 年(先到为准)

4.5.3　射流应急切割装置关键技术指标

油气环境下的射流切割破拆涉及诸多复杂问题,包括切割温度、冲击能量、材料破坏、流固耦合、切割速度等技术问题,经过前面大量基础性实验研究得到结论:在喷嘴结构及尺寸确定后,影响切割效率的关键因素包括工作压力、切割速度、靶距等参数,这些参数也是射流应急切割装置的关键技术指标。

以供油设施切割作业为例,射流应急切割装置应实现对输油管道和油罐进行应急切割作业,这些设备设施的壁厚大多处于 4 ~ 8 mm,紧急情况下也可以对一定厚度的混凝土和岩石进行破拆,完成在油气环境下的抢修救援工作。

(1)工作压力

射流要实现切割必须达到要求的工作压力,根据前面的实验结果,发现前混合式磨料水射流能够在 30 ~ 50 MPa 压力范围内完成对钢板、混凝土等不同材料的切割要求,所需的工作压力最小,也就意味着提供压力的设备与动力源的要求也大大降低,符合应急切割对便携性和可靠性的要求。

为适应应急抢修救援现场的要求,射流应急切割装置通常采用磨料水射流的方式来降低压力需求与切割效果。油气环境下的应急切割作业,要求实现对工程设施常用碳钢、合金钢和混凝土等材料进行切割破拆,在保证安全的前提下，实现及时拆除、快速抢修与救援作业，必要时还可以通过调整工作压力进行清洗、挖掘等作业。

（2）切割速度

相比于水刀加工设备，应急切割装置对切割速度要求更高，作业条件也更加多样化，甚至需要手持作业，以提高切割效率。高压水射流切割技术与破拆技术具有相通性，主要区别在于作用对象和作用效果。通过查阅资料、调研走访和咨询专家，结合实验结果，明确了射流切割对切割速度的要求，对厚度 $\delta=6$ mm 的钢材：$v=200$ mm/min；对厚度 $\delta=8$ mm 的钢材：$v=150$ mm/min；对厚度 $\delta=10$ mm 的钢材：$v=100$ mm/min。

（3）喷嘴调整范围

射流切割过程中，靶距和切割角度是重要的参数指标。根据实验结果，靶距对切割破拆影响很大，靶距过小或过大都不利于实际切割效果。为了实现应急条件下的切割需求，应该确保靶距在 2 ~ 10 mm。切割角度也直接影响切割深度，对金属切割而言，垂直切割能更好地发挥射流切割的优点。

根据应急救援中不同条件下的作业方式，还需要考虑喷嘴的快速更换，以完成不同情况下的射流作业。为提高更换效率，应选择快速接头的连接方式，尽量避免选择螺纹连接，提高抢修救援效率。

第5章　磨料水射流应急切割装置操作参数优化

在实际切割作业过程中,射流通过冲击目标使其失效或剥离,由于受到靶距、压力、磨料浓度、材料强度等多种因素的相互影响,在冲击过程中难以直接预测实际冲击效果或对消耗材料进行评估。由于实际切割中的切割对象千变万化,应用场所各有不同,针对每种切割场景进行实验研究成本巨大且不现实,因此对射流切割深度的精确预测和操作参数优化是射流切割技术的研究重点和热点。

操作参数是应急切割装置实际作业的重要指标,实验发现不同操作参数对切割效果影响很大,通过预测切割深度,优化操作参数,能够有效提高射流应急切割装置的作业效果。本章在实验研究的基础上,运用灰色理论改进神经网络模型,进行了切割操作参数的优化,并运用部分实验数据验证了预测方法的可靠性,指导难以进行实验研究的切割抢修,对开展应急切割装置的应用工作具有重要价值。

5.1　射流冲击模型对比选择

结合前人研究成果,在磨料水射流装置切割过程中,最能体现切割效果的数据莫过于切割深度。对切割深度影响最大的参数主要包括工作压力、喷嘴直径、靶距、喷嘴移动速度、冲击角度、磨料质量分数、靶物材料属性等参数。此外，对于油气环境下的切割作业，切割环境温度属于涉及安全性的重要参数。因为切割过程中参数众多，且相互影响，难以直接运用线性回归等方法进行预测，所以需要研究新的算法模型。

5.1.1 射流冲击理论模型

在国内外学者的多年潜心研究下，形成了多种射流冲击的理论模型，主要包括计算切割深度的模型，计算切割后表面粗糙度和表面纹理的模型，模拟材料车削、磨削等过程的模型。根据其理论不同，射流冲击模型又可分为以下四类。

（1）切割深度模型

切割深度模型的基本原理是将材料的几何变形速度与物理上的材料去除速率视为一致，以微分的形式来预测材料的体积变化量，通过对切割过程的观察，得到适应材料去除速率较稳定的情况。具体的数学模型如下。

①根据射流冲蚀的能量与靶物的材料去除速率成正比，得

$$\frac{\mathrm{d}Q}{\mathrm{d}t}=KE_{\mathrm{m}} \tag{5.1}$$

式(5.1)中，Q 为材料去除量，t 为时间，K 为材料系数，E_{m} 为磨料动能。

②根据动能定律，将磨料颗粒的动能表达式代入式(5.1)，得

$$h=\frac{E\mathrm{e}M_{\mathrm{a}}}{2\mathrm{d}_j u}V_{\mathrm{a}}^2 \tag{5.2}$$

式(5.2)中，M_{a} 为磨料的质量流量，V_{a} 为磨料的流速。

③通过动量守恒定律，得

$$V_{\mathrm{a}}=K'\left(\frac{M_{\mathrm{w}}}{M_{\mathrm{w}}+M_{\mathrm{a}}}\right)V_{\mathrm{w}} \tag{5.3}$$

式(5.3)中，K' 为动能转换效率的系数，M_{w} 为水的质量流量，V_{w} 为水的流速。

由于水的流量远远大于磨料的流量,假设切割宽度的变化不计,忽略流场摩阻损失,根据动量定理和伯努利方程,得到切割深度的近似模型,为

$$L=K\frac{PM}{Sv\rho} \tag{5.4}$$

式(5.4)中,L 为切割深度,P 为工作压力,M 为磨料质量流量,v 为切割速度,S 为切缝横截面积,ρ 为水的密度。由于上述公式主要采用了理论推导,忽略了许多影响因素,所以还需要通过实验进行修正。

(2)能量守恒模型

能量守恒模型的基本原理是通过假定射流能量的输入与材料的去除速率成正比。在射流冲击过程中,当射流压力恒定时,单位体积上的射流能量是恒定的,可以预测材料的去除量与切割时间、切割宽度和移动速度等参数都有关系,根据材料的结构与性质不同,通常会采用半经验公式。为了降低计算难度,一般都将摩擦损失忽略,并作为数值模拟的理论基础。

(3)参数回归模型

参数回归是指两种或两种以上变量通过统计分析的方法,确定其相互依赖的定量关系。参数回归分为一元和多元,一元回归参数简单,其运用非常广泛;多元回归由于参数较多,求解难度较大。射流参数变量较多,且互相影响,不能采用线性回归解决预测问题,需要建立多个变量和非线性关系来进行预测,即多重非线性回归分析。

(4)数值模拟模型

数学计算方法和计算机仿真技术不断发展,通过数值模拟技术对流体运动进行研究已经成为一个新的热门,特别是涉及紊流的情况下,由于 N-S 方程的精确解难以获取,因此运用有限元和数值仿真方法可以有效地获取实验难以获取的内部流场参数,为预测射流的冲击效果带来新的理论方法。

经过对比研究,切割深度模型相比其他三类理论模型更适用于切割领域,其特点是对象清晰。以材料体积变化量为研究对象,直接获取切割参数与操作

参数之间的关系，不涉及紊流理论研究，便于直接指导应用。因此，本书选择切割深度模型作为研究的理论基础。

5.1.2　射流冲击预测方法对比选择

国内外学者通过算法模型对射流参数进行分析，常见的算法有遗传算法、模糊综合评价算法和神经网络算法等，此外还有经验公式能预测射流参数。不同的算法能够得到不同的预测模型和公式，通过对各种算法模型进行分析研究，选择适合射流应急切割装置切割参数优化的方法，有利于实现射流冲击的精确参数控制。

（1）遗传算法

遗传算法也是一种常用的预测模型，其基本原理是通过随机个体样本的计算，运用选择、交叉、变异实现对各种参数的结果检测。运用达尔文自然进化原理来对数据样本进行预测，由 Holland 教授于 20 世纪 70 年代创立，适用于寻求最优解的问题。遗传算法的基本框架如图 5.1 所示。

（2）模糊综合评价算法

模糊综合评价算法是一种常见的智能算法，主要以模糊数学理论为基础，通过对复杂信息的模糊处理来实现消除“模糊”的目的。其核心内容是运用模糊集合论，通过已知的数据，建立预测模型，将目标结果进行定量化，通过输入新的参数得到对应的结果。常见的预测方法有均值模糊、高斯模糊等，其基本过程都是通过模拟化、构建模糊规则和模糊求解三个部分，如图 5.2 所示。

（3）神经网络算法

神经网络算法是一种通过模拟生物神经网络和信息处理的智能算法，能够实现自我学习、自主适应和自动映射能力。神经网络算法主要有两种结构类型，分别是 MP 神经网络和 BP 神经网络。MP 神经网络又称为单层感知网络，主要特点是结构简单，适用于线性相关问题，无法解决多层感知网络，因此应用前景比较单一,无法适用于复杂系统的计算问题。BP 神经网络,即误差反向传播网络,其算法原理是通过样本输出与网络输出之差,获取反向传播误差信号,然后按原链接通路反向计算,用梯度下降法求解各层级的中间值,确保偏差最小。BP 神经网络结构如图 5.3 所示。

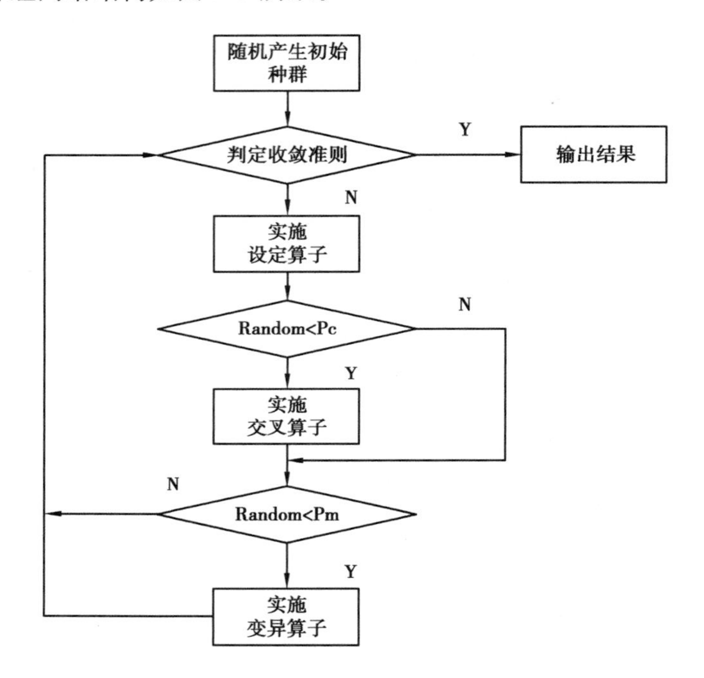

图 5.1　遗传算法基本框架图

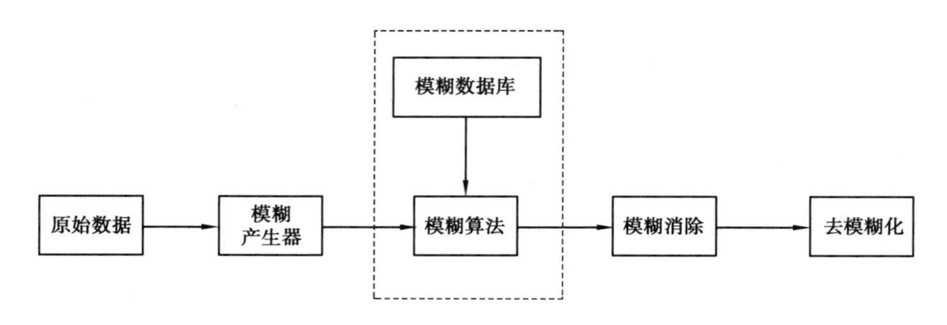

图 5.2　Mamdani 模糊系统

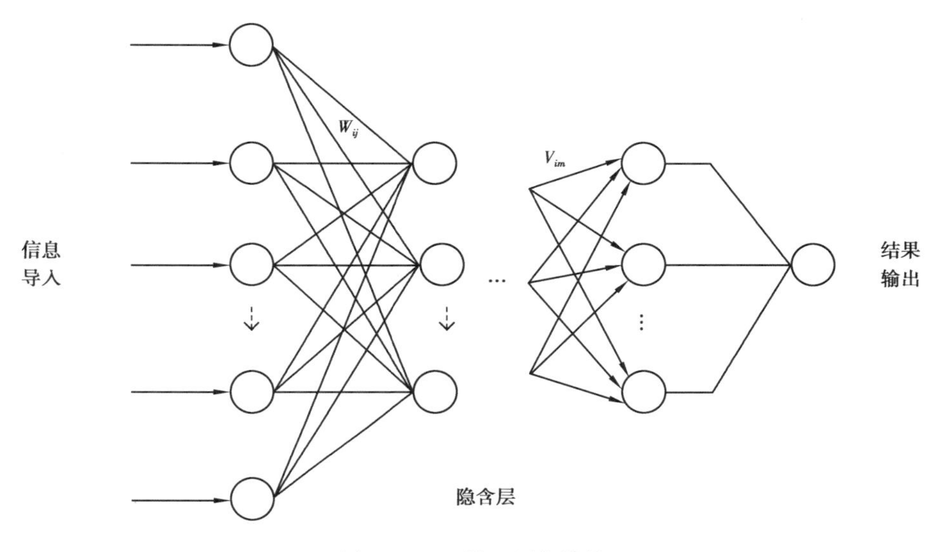

图5.3　BP 神经网络结构

(4)经验公式

在材料破坏强度理论的基础上,多位学者通过实验研究的方式,得到了射流冲击效果的经验公式。例如,Farmer 等在低密度靶物的穿透实验基础上,通过总结归纳得到了射流切割深度经验公式:

$$h = Kd_{c}\left(\frac{v_0}{c}\right)^{\frac{2}{3}} V_{im} \tag{5.5}$$

式(5.5)中,d_c 代表射流冲击引起的缺陷直径,单位为 mm;v_0 代表射流速度,单位为 m/s;c 代表水中声速,单位为 m/s。

(5)预测方法确定

经过前文对不同算法的介绍,模糊综合评价算法用于参数关系非常复杂,难以建立直接的函数关系,对隶属度函数的依赖程度较高,射流参数中存在一些明确的线性关系,例如压力与切割深度等,因此不适用于切割参数优化。遗传算法更加适合系列化、连续性的多群体数据的处理,射流参数往往对每次切割参数优化的要求更高,获取遗传算法所需的大量基础性数据难度较大,难以直接用于射流切割参数优化。经验公式大多是早期学者运用数学方法,预测不同参数对射流效果的影响,其基本计算是采用线性回归的方式来获取自变量和因变量之间的关系,无法得到不同参数之间的相互影响,只是对结果的一种预判,针对性不强,难以实现对多因素非线性关系的总体控制,目前大多数学者不再采用这种模型,而是试图找到更加科学的智能算法。

神经网络算法在解决非线性数据拟合预测方面,具有高度的自主学习和误差反馈机制,有效避免了其他算法和传统经验公式所需要的变量相关性分析,非常适合用于射流作业的模型建立。基于以上原因,本书以神经网络算法为基础,研究适用于射流切割参数的预测方法。

5.1.3 射流切割深度预测神经网络模型建立

与机械切割和液压冲击作业不同,水射流属于“柔性”作业,其作业参数包括工艺参数、运动参数和对象条件三方面的内容。工艺参数主要包括工作压力、喷嘴直径、靶距和磨料质量分数等;运动参数主要包括喷嘴移动速度、冲击角度和切割次数等;对象条件主要包括冲击对象的材料强度、厚度、形状和环境温度等。

由于受材料性质、切割角度和靶距等诸多因素的影响,射流在实际切割过程中存在复杂的非线性关系。在对主要切割对象进行实验的基础上,通过数值仿真,验证实验结果的正确性,同时运用实验数据和仿真结果,建立射流切割参数控制模型,有利于得到射流应急切割装置的操作控制参数。

对于射流切割深度来说,影响其数值的参数很多,包括压力、喷嘴结构、靶距、切割速度、冲击角度、磨料选择、操作环境、熟练程度等,根据各参数对切割深度的影响大小,选择工作压力 P、喷嘴直径 D、靶距 d、喷嘴移动速度 v、冲击角度 θ、切割次数 T、磨料质量分数 C 等七个参数作为关键参数预测切割深度。

首先需要确定神经网络的结构,磨料质量分数根据实际需求,输入参数的个数为7,输出参数个数为1,将这种输入输出问题转化为需求映射。根据前期的实验数据训练神经网络,得到适应于射流参数的神经网络模型,运用网络模型进行数据预测。由于参数之间的非线性关系,建立模型需要获取隐藏节点个数。根据经验公式 $k=\sqrt{m+n}+p$(m 为输入参数个数,n 为输出参数个数,p 为随机变量,一般取 1~10),通过输入参数来决定模型网络的层数。隐藏节点个数会影响模型的训练精度和误差,节点越少,对数据精度和误差要求越高。根据在实验样本的情况,本书选择 5 个隐藏节点,建立的射流切割神经网络模型如图 5.4 所示。

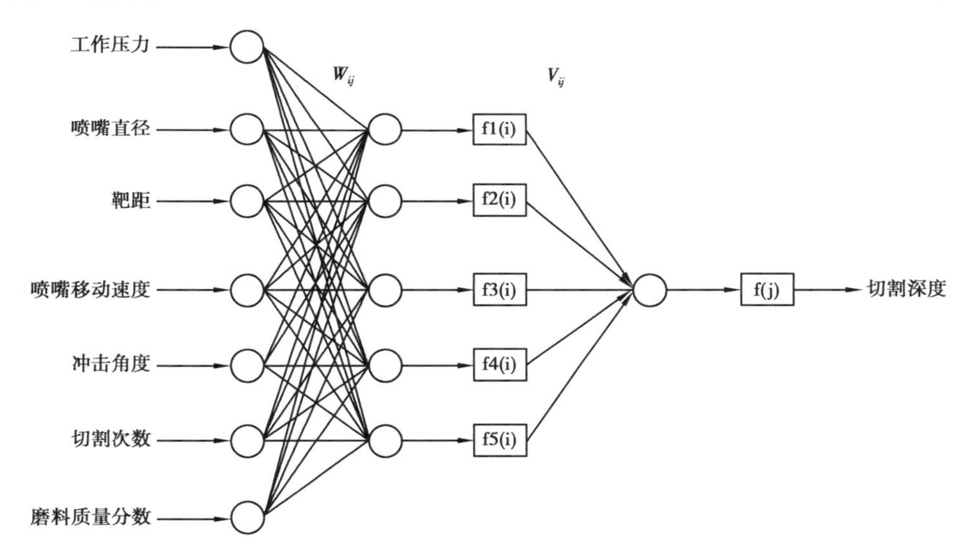

图 5.4　射流切割深度预测神经网络模型

5.2　基于 BP 算法的射流切割深度预测模型

前面确定的射流切割模型是基于神经网络算法的预测模型。由于 BP 神经网络相比 MP 神经网络具有更加优良的适应性,适用于复杂的非线性问题,因此本书选择 BP 神经网络算法。下面分别对射流切割神经网络算法流程、样本数据进行处理,并进行网络模型的训练和研究。BP 神经网络预测算法的 MATLAB 程序详见附录 1。

5.2.1 射流切割神经网络算法流程

神经网络的训练过程是训练数据的正向计算和误差数据的逆向反馈同步进行,在学习中提高自身网络的准确性是神经网络算法的最大特点。它通过将样本数据输入到网络输入层,将网络输出值与期望值进行对比,得到误差信息,然后逆向反馈到网络权值,通过多次调整训练之后得到一个稳定的权值。根据神经网络的特性,其训练过程如图 5.5 所示。

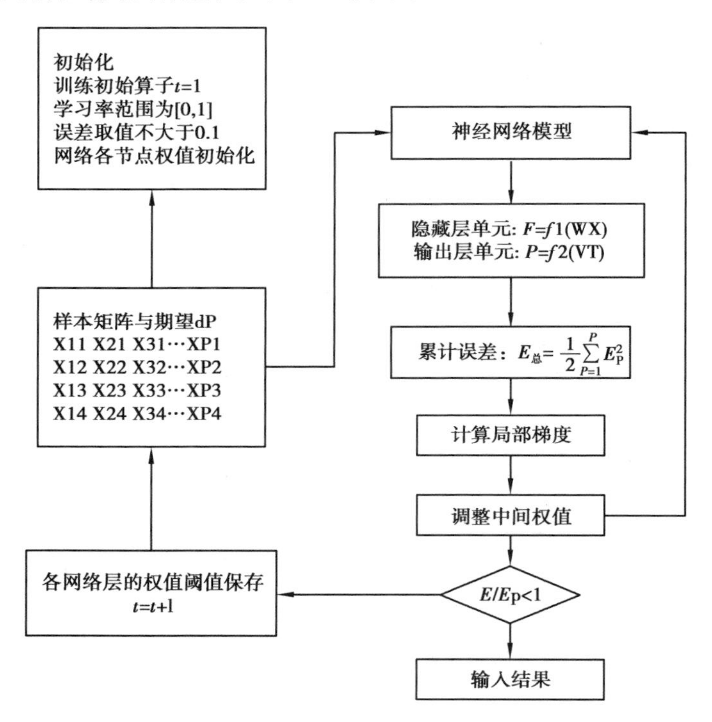

图 5.5 BP 神经网络标准流程

从图 5.5 可以得到,各网络层的权值与梯度的变化形式都是一致的,均由学习方程、误差和输入参数三个因素决定,分别由 η、δ 和 X 表示。其中,误差分为训练误差和期望误差。按照累计递减的处理原则,通过误差计算批处理可以保证总体方向是误差减小的。

从该神经网络模型的结构可以得到,网络输入层包括工作压力 P、喷嘴直

径 D、靶距 d 等七个网格节点,网络输入层节点 X 与网络隐藏层节点 R 之间的权值为 U,网络隐藏层节点 T 与网络输出层节点 Y 之间的权值为 W,其具体的算法公式如下。

①网络隐藏层节点为:

$$R_j = f_1\left(\sum_{i=1}^{m} U_{ij}X_i\right) \tag{5.6}$$

式(5.6)中,m 代表网络输入层神经网络节点,j 代表网络隐藏层神经网络节点。

②网络输出层网络节点为:

$$Y = f_2\left(\sum_{j=1}^{n} W_jR_j\right) \tag{5.7}$$

式(5.7)中,n 代表神经网络层数。

根据训练样本和预测样本,通过误差累计得到误差的目标函数,即网络输出与预期值的误差为:

$$E = \frac{1}{2}\sum_{P=1}^{P}(d_{\mathrm{P}} - Y_{\mathrm{P}}) \tag{5.8}$$

5.2.2　样本数据选择及标准化处理

样本数据在实验室水射流操作平台上获取。根据项目组实验结果,对关键参数进行取值范围的确定,包括工作压力 P、喷嘴直径 D、靶距 d、喷嘴移动速度 v、冲击角度 θ、切割次数 T 和磨料质量分数 C 等七个关键参数。具体取值范围如表 5.1 所示。

表 5.1　射流冲击实验参数

序　号	关键参数	单　位	取值范围
1	工作压力 P	MPa	20 ~ 250
2	喷嘴直径 D	mm	0.6 ~ 1.2
3	靶距 d	mm	1 ~ 10
4	喷嘴移动速度 v	mm/min	20 ~ 150

续表

序　号	关键参数	单　位	取值范围
5	冲击角度 θ	(°)	30 ~ 90
6	切割次数 T	次	1 ~ 5
7	磨料质量分数 C	%	0.1 ~ 0.5
8	切割深度	mm	0 ~ 50

①工作压力 P。工作压力的波动通常比较小,可以通过设备进行自由调节。当在有需要的时候,可以临时提升至最大压力,提高切割能力,但持续时间不能太长,以免影响设备寿命。

②喷嘴直径 D。喷嘴直径决定了射流流束的形态,是喷嘴结构中最重要的参数之一。相同压力条件下,喷嘴直径越小,流速越快,切割缝隙越窄。为满足不同条件下的切割要求,工业切割领域对喷嘴直径进行了标准化,有各类标准型号可供选择。

③靶距 d。靶距对射流冲击效果的影响也比较大。由于射流的扩散与靶距有直接关系,通常要求靶距不超过规定数值,避免造成切割效果不佳,切缝宽度过大。随着切割时间的增加,实际切割靶距也在不断变化。为了满足切割的要求,一般规定初始靶距不得超过 10 mm。

④喷嘴移动速度 v。在切割过程中,为了实现对切割对象的整体切割,需要在保证切割效果的基础上,使喷嘴沿着规定的路线进行移动,从而实现切割目的。一般情况下,对于输油管线等某种目标,操作人员会提前进行移动轨迹的设计,但由于其他因素的影响,如重力、移动轨迹的平整度等,切割过程中的速度会出现变化。

⑤冲击角度 θ。冲击角度的大小影响了切割的效果。根据研究结果,对于岩石等脆性材料,夹角越大切割效果越好;但对于金属材料,并非如此,而是存在一定的最佳角度,需要在实验中进行测定。

⑥切割次数 T。一般情况下,用射流对部分厚度较大的材料进行切割时,如果单次切割深度不够,就需要对其进行多次切割,保证切割效果。单次切割的

深度一般不超过 50 mm,否则切割速度会非常缓慢。

⑦磨料质量分数 C。磨料质量分数是射流切割过程中磨料质量与消耗的水的质量的比值,考虑各自之间的匹配性,进行联合预测,实现最优效果。

⑧切割深度。切割深度体现了材料在射流冲击下的作用效果,是射流冲击最重要的参数之一,配合喷嘴移动速度能够有效获取工作效率,一般是作为预测数据与实际切割深度进行对比分析,从而实现对模型的评价。

根据课题组实验结果,选取了 200 组实验数据作为训练与测试样本,其中随机抽取 175 组数据进行训练,最后 25 组进行模型测试,验证预测数据的准确性。

由于不同实验参数所代表的数据会有较大的差异,例如工作压力与喷嘴直径在数据的差异上超过了 10^2 的数量级,在不同的量级会造成计算过程的误差偏大,不利于预测结果的一致性,需要首先对数据进行一致性处理。根据切割模型的需要,本书选择 Z-score 标准化方法,其具体原理是通过给予原始数据的均值和标准方差,使数据符合标准正态分布,从而实现原始数据的标准化。其标准函数为:

$$x^{*}=\frac{|x-\mu|}{\sigma} \tag{5.9}$$

式(5.9)中,μ 为原始数据的均值,σ 为原始数据的标准差。

通过标准化处理的原始数据,更加便于比较认识。将数据按比例缩放至一个特定的区间,实现了不同单位数据的无量纲化;通过函数变换将其准确映射在数学模型,从而实现了在预测过程更加快捷准确。

5.2.3　网络训练及模型验证

在 MATLAB 中,通过神经网络工具箱提供的训练函数进行训练,初始化神经元的权值和阈值。首先对样本数据进行归一化处理,使其符合神经网络的运算需求,然后经过训练,当模型迭代 8 567 次后,达到误差要求 1×10^{-5}。神经网络的训练过程如图 5.6 所示。

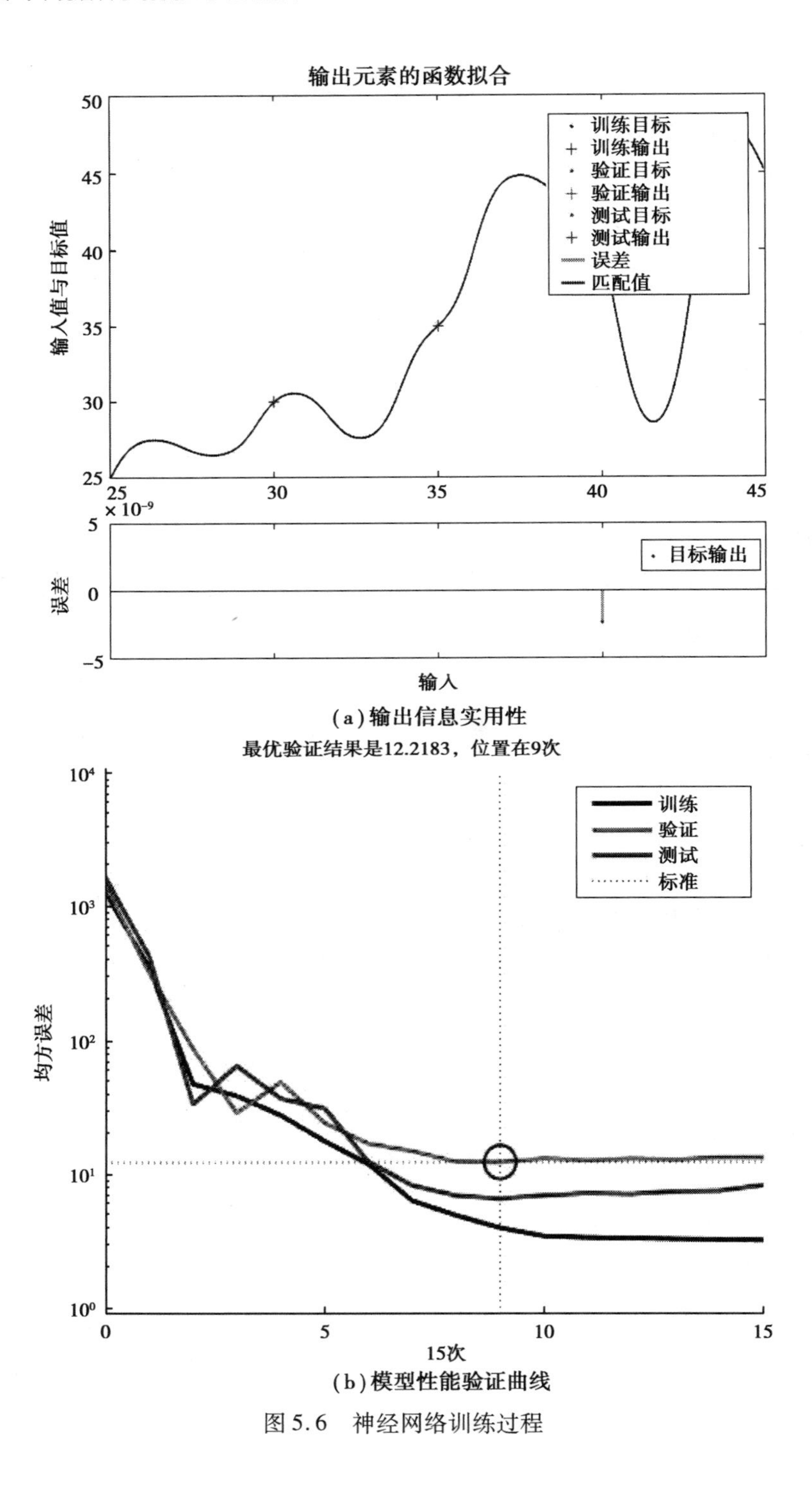

(a)输出信息实用性

(b)模型性能验证曲线

图 5.6　神经网络训练过程

从图5.6(a)中可以看出,训练目标值与输出值之间具有一定的联系,与测试目标值之间的误差处于较低水平,平均方差随着训练的次数增加而降低,目标与输出之间的误差在35～45范围内处于高位,应重点关注该区间的模型准确度。图5.6(b)显示神经网络模型的均方误差为12.218,Epoch最佳的数值为9,数据集通过神经网络运算,每返回一次表示Epoch增加一个数量,该参数能够帮助神经网络确定迭代次数,并且训练数据和测试数据基本变化趋势是一致的。神经网络训练误差计算结果如图5.7所示。

从图5.7(a)中可以看出,目标值与输出值之间的误差最大值集中在0.101 7处,处于原点附近,一旦距离增加则迅速降低,满足模型对误差的对称性要求。图5.7(b)显示,训练数据均匀分布处于Fit线两侧,说明训练过程中,误差处于合理范围内,神经网络的训练结果是符合要求的。

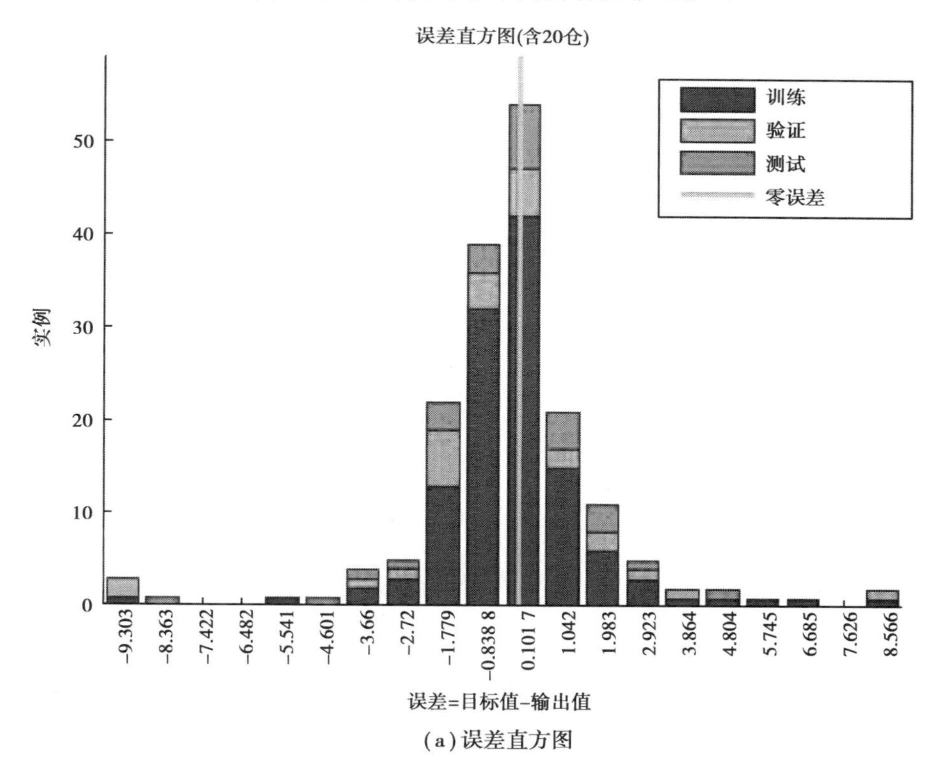

(a)误差直方图

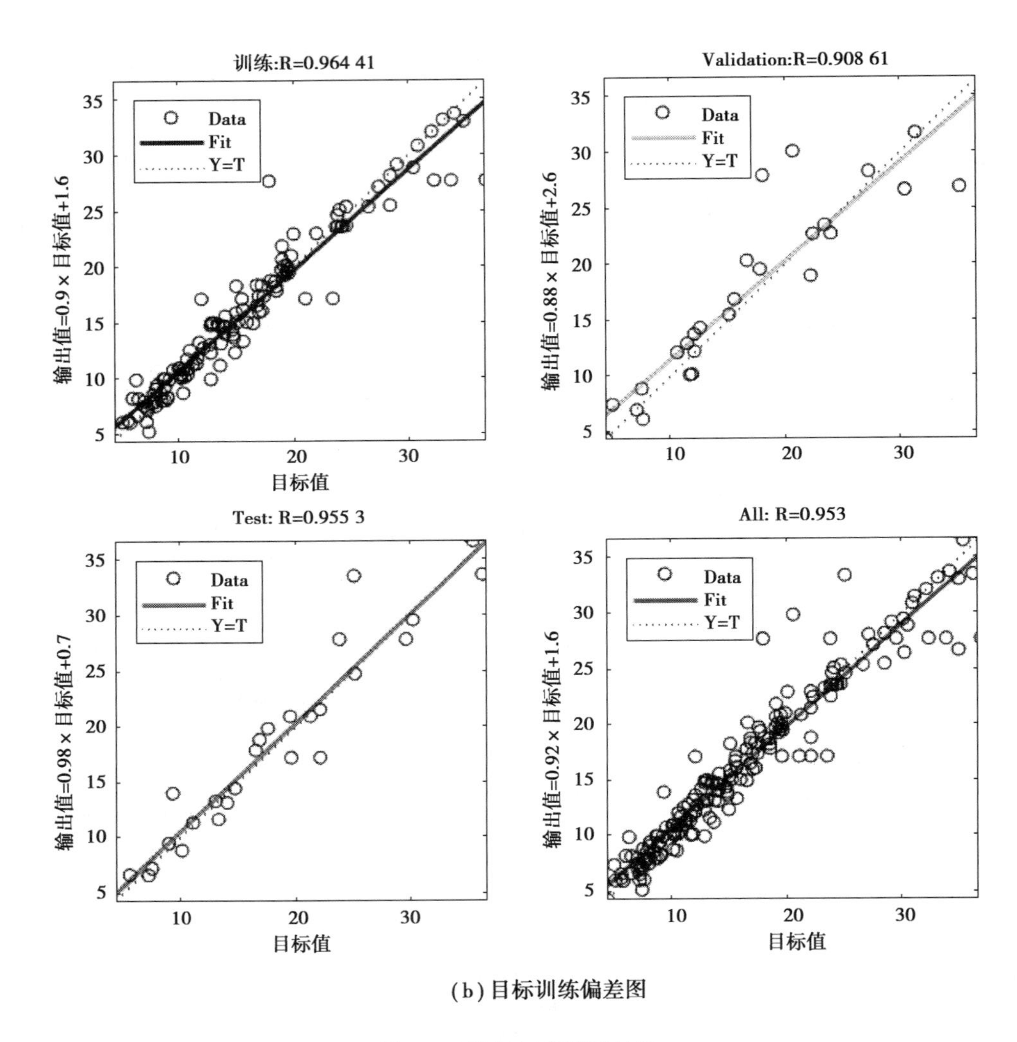

(b)目标训练偏差图

图 5.7　神经网络训练结果

运用训练好的神经网络模型,对测试数据进行预测,验证射流冲击神经网络模型的准确度。根据工作压力、靶距、冲击角度、切割速度和磨料质量分数等参数,通过神经网络模型进行切割深度预测,然后在实验室中运用相同的参数进行实验,测量实际的射流切割数据。具体步骤如下:输入 25 组测试数据,通过该神经网络模型对切割深度进行预测,得到预测的结果,与实际切割深度进行对比,具体结果如表 5.2 所示。

表5.2　切割参数预测结果对比

序号	P/MPa	D/mm	L/mm	V/(mm·min^{-1})	θ/(°)	n	m	实际结果	预测结果	绝对误差	相对误差
1	35	1	5	50	70	1	0.24	5.34	4.44	0.90	16.81%
2	50	1	7	50	90	1	0.24	14.58	15.51	0.93	6.37%
3	45	1	5	50	50	1	0.24	10.17	9.38	0.79	7.77%
4	55	1	2	20	90	3	0.24	28.75	24.73	4.02	13.97%
5	40	1	10	50	90	1	0.24	8.36	7.76	0.60	7.12%
6	40	1	8	30	90	1	0.24	12.36	12.08	0.28	2.29%
7	55	1	8	35	90	3	0.24	22.97	27.65	4.68	20.36%
8	50	1	8	50	90	1	0.24	14.2	15.54	1.34	9.44%
9	40	1	8	50	90	1	0.24	8.72	8.16	0.56	6.41%
10	40	1	5	170	90	5	0.24	7.34	5.70	1.64	22.35%
11	50	1	10	50	90	1	0.24	13.59	14.41	0.82	6.06%
12	40	1	6	90	90	1	0.24	4.67	5.96	1.29	27.52%
13	45	1	5	20	90	2	0.22	22.73	22.52	0.21	0.94%
14	40	1	6	35	90	1	0.24	10.35	11.99	1.64	15.82%
15	40	1	11	50	90	1	0.24	8.28	7.48	0.80	9.63%
16	40	1	6	65	90	1	0.24	7.82	7.38	0.44	5.63%
17	40	1	6	140	90	1	0.24	3.63	3.46	0.17	4.80%
18	35	1	6	80	90	1	0.24	4.43	4.99	0.56	12.70%
19	50	1	2	50	90	1	0.24	14.15	14.56	0.41	2.88%
20	45	1	6	80	90	1	0.24	7.72	8.32	0.60	7.80%
21	40	1	6	20	90	1	0.24	14.95	15.11	0.16	1.08%
22	35	1.5	8	50	90	1	0.24	6.18	6.68	0.50	8.11%
23	55	1	2	50	90	1	0.24	17.81	16.73	1.08	6.06%
24	35	1.5	5	50	90	1	0.24	6.66	8.13	1.47	22.02%
25	45	1	5	65	90	1	0.2	10.5	10.28	0.22	2.10%

从表5.2中可以看出，运用BP神经网络模型对射流切割参数进行预测，得到的绝对误差为0.94%~27.52%，平均误差为9.84%，不同预测结果差异较大。主要原因是神经网络模型需要对大量数据的学习进化，才能获取一个良好的适用性和预测精度。现有的实验数据有限，影响了模型误差的减小，后期可以通过增加实验次数，提高基础数据量，完善神经网络模型，降低参数的预测误差。

运用建立的射流冲击神经网络模型，根据给定的工作压力、靶距、冲击角度、切割速度和磨料质量分数等已知参数，可以快速预测切割深度，用来指导实际操作。实验数据是进行网络模型训练的前提，因此在实际应用中，需要在大量实验的基础上，建立不同作业对象的神经网络模型和数据库。根据实际需求来选择合适的模型，并将实际作业的操作数据输入模型，获取预测数据，并与实际数据进行对比分析，从而进一步优化神经网络模型，建立更加科学的射流操作参数优化模型，为水射流切割装置的智能化发展奠定基础。

5.3 基于GM-BP算法的射流操作参数优化模型及用户界面设计

在实际切割作业中，切割深度只是射流众多参数中比较重要的一项，其他操作参数包括工作压力、切割速度等也是预测的重点和难点。在前面BP神经网络模型预测切割深度的基础上，引入灰色理论(Grey Model，GM)对神经网络模型进行修正，提出基于GM-BP神经网络算法的射流操作参数优化模型。通过开展模型训练，获取预测不同参数的算法结构，解决不同类型参数的优化难题，并依托算法进行数据交互设计编程，形成方便直观的图形用户界面，为模型的普及应用奠定基础。

5.3.1　GM-BP 神经网络模型构建

近年来,基于参数优化的神经网络理论不断创新,在交通运输、气象变化等领域取得了许多成果。本书基于 BP 神经网络模型,引入灰色理论,建立 GM-BP 神经网络模型,优化数据处理方法,为射流切割操作参数优化模型提供一条新的思路。

灰色理论是一种研究少数据、贫信息不确定性问题的新方法。该理论主张将任何随机过程都作为一定区域内变化的灰色模型,将随机量作为灰色量,通过生成变换将无规律的系统信息处理为有规律的序列。灰色模型以基础数据构建微分方程,首先对基础数据进行一次累加,从而使其呈现出一定规律,然后运用曲线回归的方法进行拟合。设有基础数据序列 $x^{(0)}$,有

$$x^{(0)}=(x_I^{(0)} \mid i=1,2,\cdots,n)=(x_1^{(0)},x_2^{(0)},\cdots,x_4^{(0)}) \tag{5.10}$$

对 $x^{(0)}$ 进行一次累加,获得新的数据序列 $x^{(1)}$,新的数据序列 $x^{(1)}$ 第 n 项是基础数据序列 $x^{(0)}$ 前 n 项之和,即

$$x^{(1)}=(x_i^{(1)} \mid i=1,2,\cdots,n)=(x_1^{(0)},\sum_{i=1}^{1} x_i^{(0)},\sum_{i=1}^{2} x_i^{(0)},\cdots,\sum_{i=1}^{t} x_i^{(0)}) \tag{5.11}$$

根据变换后的数据序列 $x^{(1)}$,建立白色方程,进行求导,得到

$$\frac{\mathrm{d}x^{(1)}}{\mathrm{d}i}+ax^{(1)}=u \tag{5.12}$$

求解,得

$$x_i^{*(1)}=(x_1^{(0)}-u/a)\mathrm{e}^{-a(i-1)}+u/a \tag{5.13}$$

通过对 $x_i^{*(1)}$ 进行一次累减,得到 $x^{(0)}$ 的预测值 $x_i^{*(0)}$,其预测结果为:

$$x_i^{*(0)}=x_i^{*(1)}-x_{i-1}^{*(1)} \mid t=2,3,\cdots \tag{5.14}$$

基于灰色理论的神经网络算法,是针对灰色的不确定问题进行预测的一种算法,通常是以系统的行为特征值为预测的目标。具体的预测方法是将基础数据序列 $x^{(0)}$ 定义为 $x(i)$,将经过累加生成的数据序列 $x^{(1)}$ 定义为 $y(i)$,将最终的

结果 $x_i^{*(0)}$ 定义为 $z(i)$。变换后的数据序列通过微分方程进行回归拟合，然后得到预测结果。假设在预测模型中共有 n 个参数需要输入，预测结果为 1 个输出参数，则 GM-BP 神经网络模型的微分方程表达式为：

$$\frac{\mathrm{d}y_1}{\mathrm{d}i}+ay_1=b_1y_2+b_2y_3+\cdots+b_{n-1}y_n \tag{5.15}$$

式(5.15)中，$y_1,y_2,\cdots,y_n$ 为模型输入参数，y_1 为经过变化迭代后得到的模型输出参数，$b_1,b_2,\cdots,b_{n-1}$ 代表微分方程的常量系数。

因此，得到预测结果 $z(i)$ 的表达式为：

$$\begin{aligned}z(i)=&\left(y_1(0)-\frac{b_1}{a}y_2(i)-\frac{b_2}{a}y_3(i)-\cdots-\frac{b_{n-1}}{a}y_n(i)\right)\mathrm{e}^{-ai}+\\&\frac{b_1}{a}y_2(i)+\frac{b_2}{a}y_3(i)+\cdots+\frac{b_{n-1}}{a}y_n(i)\end{aligned} \tag{5.16}$$

经过变换，令

$$d=\frac{b_1}{a}y_2(i)+\frac{b_2}{a}y_3(i)+\cdots+\frac{b_{n-1}}{a}y_n(i) \tag{5.17}$$

将式(5.17)简化为：

$$\begin{aligned}z(i)=&\left((-d)\cdot\frac{\mathrm{e}^{-ai}}{1+\mathrm{e}^{-ai}}+d\cdot\frac{\mathrm{e}^{-ai}}{1+\mathrm{e}^{-ai}}\right)(1+\mathrm{e}^{-ai})=\\&\left((y_1(0)-d)\cdot(1-\frac{\mathrm{e}^{-ai}}{1+\mathrm{e}^{-ai}})+d\cdot\frac{\mathrm{e}^{-ai}}{1+\mathrm{e}^{-ai}}\right)(1+\mathrm{e}^{-ai})=\\&\left((y_1(0)-d)-y_1(0)\cdot\frac{\mathrm{e}^{-ai}}{1+\mathrm{e}^{-ai}}+2d\cdot\frac{\mathrm{e}^{-ai}}{1+\mathrm{e}^{-ai}}\right)(1+\mathrm{e}^{-ai})\end{aligned} \tag{5.18}$$

通过将最后的式(5.18)映射到一个 BP 神经网络，就可以得到一个有 n 个输入参数、1 个输出参数的 GM-BP 神经网络，其神经网络结构如图 5.8 所示。

图 5.8 中，i 为输入参数序号，$Y_2(i),\cdots,Y_n(i)$ 为基础输入参数，$W_{21},\cdots,W_{3n}$ 为中间网络加权值；Y_1 为预测结果，灰色神经网络从左到右分为三层。

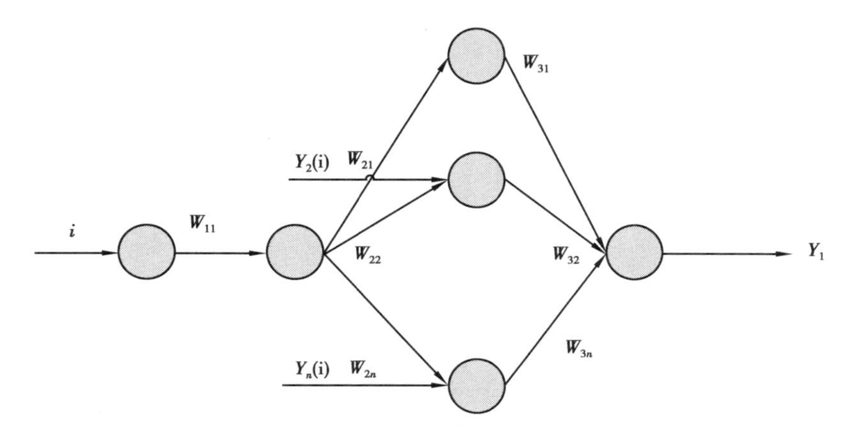

图 5.8　GM-BP 神经网络结构图

GM-BP 神经网络模型的构建是基于基础数据的维数确定神经网络结构，因此形成了三层结构，输出为一个结果，所以 GM-BP 神经网络结构为 1-3-1，即首先输入参数序号 i，然后分别输入三个节点，包括 W_{21}，W_{22} 和 W_{23}，经过神经网络训练，联合预测三个参数的归一化数据，得到最后的参数结果。GM-BP 神经网络预测切割深度算法的 MATLAB 程序详见附录 2。

5.3.2　模型训练与结果分析

基于前面建立的射流切割深度预测模型，通过 GM 理论对神经网络模型进行优化与改进，得到了基于 GM-BP 神经网络的算法流程，如图 5.9 所示。

基于前面得到的 GM-BP 神经网络模型，根据实验数据进行初始化训练，为避免参数之间相互对比导致因数量级问题而造成误差过大，从而造成模型的不适应，首先要对数据进行数量级归一化处理。经过训练的 GM-BP 神经网络可以用来预测射流切割深度，训练过程如图 5.10 所示。

从图 5.10(a)中可以看出，数据收敛的速度很快，但由于各参数之间相互影响，因此容易陷入局部优化，但整体预测变差的情况，需要进一步调整算法。采用 GM-BP 神经网络算法预测的结果如图 5.10(b)所示，数据梯度没有出现大的偏差，说明 GM-BP 神经网络算法适用于射流操作参数预测与优化问题。

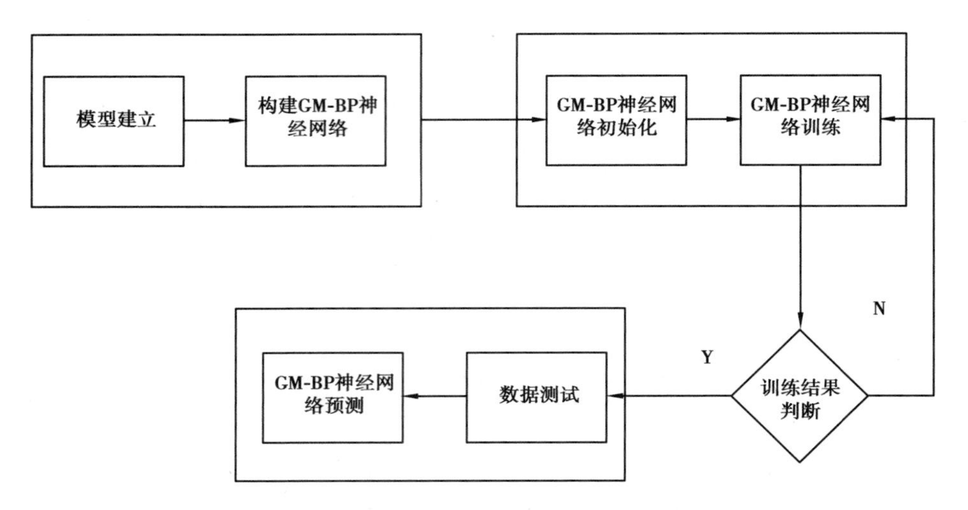

图 5.9　GM-BP 神经网络算法流程

选取最后 25 组测试数据进行验证,对比分析实际切割深度与基于神经网络的预测值。

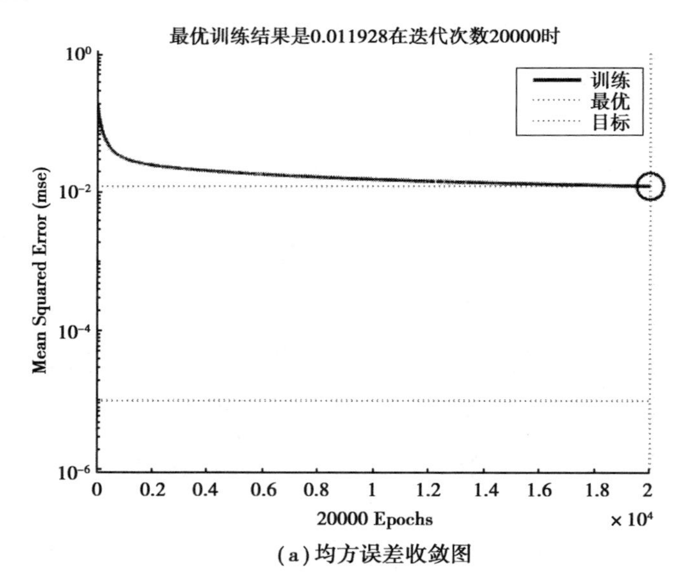

(a)均方误差收敛图

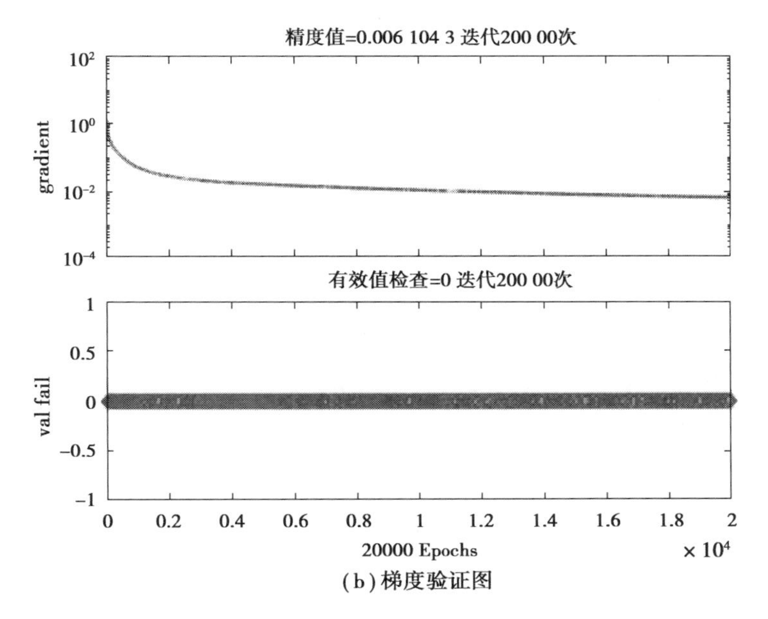

(b)梯度验证图

图5.10 GM-BP神经网络训练

切割参数预测结果与实际切割结果之间的对比如图5.11所示。

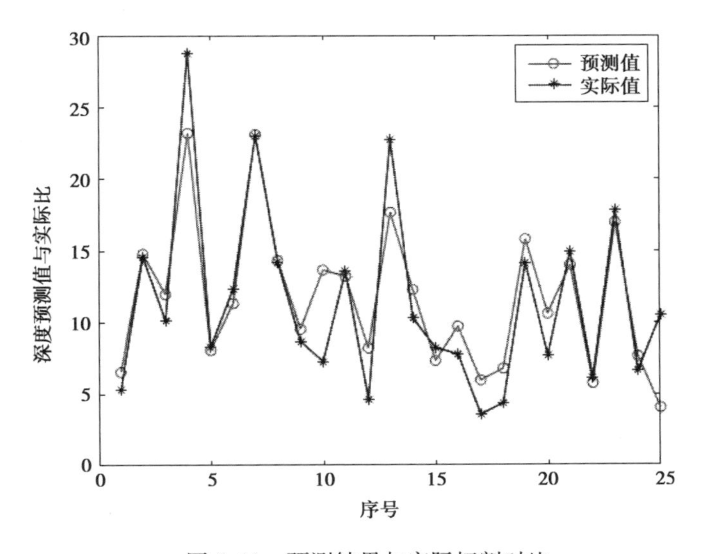

图5.11 预测结果与实际切割对比

由表5.3和图5.11中可以得到,基于GM-BP神经网络算法的射流操作参数优化模型,将预测参数与25组实验数据进行了对比分析,得到的预测结果与实际结果之间的相对误差最大为23.90%，最小为1.52%，平均误差为9.79%。相比BP神经网络，GM-BP模型的最大误差与平均误差都更小，且数据分布的一致性更加接近，引入灰色算法虽然在绝对误差方面没有明显的优势，但是随着预测数据的增加，数据的一致性越来越高，特别是对速度和精确度要求较高的切割领域。因此GM-BP模型更加适用于射流应急切割装置切割参数的预测。

表5.3 预测结果与实际测量结果对比

序号	P/MPa	D/mm	L/mm	V/(mm·min^{-1})	θ/(°)	n	m	实际结果	预测结果	绝对误差	相对误差
1	35	1	5	50	70	1	0.24	5.34	6.61	0.66	12.39%
2	50	1	7	50	90	1	0.24	14.58	14.8	0.60	4.11%
3	45	1	5	50	50	1	0.24	10.17	12	1.72	16.92%
4	55	1	2	20	90	3	0.24	28.75	23.2	6.87	23.90%
5	40	1	10	50	90	1	0.24	8.36	8.12	0.14	1.71%
6	40	1	8	30	90	1	0.24	12.36	11.4	0.29	2.34%
7	55	1	8	35	90	3	0.24	22.97	23.1	2.13	9.27%
8	50	1	8	50	90	1	0.24	14.2	14.3	0.93	6.58%
9	40	1	8	50	90	1	0.24	8.72	9.58	0.31	3.57%
10	40	1	5	170	90	5	0.24	7.34	13.7	0.53	7.25%
11	50	1	10	50	90	1	0.24	13.59	13.2	1.21	8.91%
12	40	1	6	90	90	1	0.24	4.67	8.26	0.56	11.89%
13	45	1	5	20	90	2	0.22	22.73	17.6	1.68	7.41%
14	40	1	6	35	90	1	0.24	10.35	12.3	1.29	12.48%
15	40	1	11	50	90	1	0.24	8.28	7.38	0.13	1.52%
16	40	1	6	65	90	1	0.24	7.82	9.76	0.31	3.94%
17	40	1	6	140	90	1	0.24	3.63	6.01	0.29	7.98%
18	35	1	6	80	90	1	0.24	4.43	6.83	0.64	14.45%
19	50	1	2	50	90	1	0.24	14.15	15.8	1.10	7.78%

续表

序号	P/MPa	D/mm	L/mm	V/(mm·min^{-1})	θ/(°)	n	m	实际结果	预测结果	绝对误差	相对误差
20	45	1	6	80	90	1	0.24	7.72	10.6	0.64	8.30%
21	40	1	6	20	90	1	0.24	14.95	14	0.95	6.37%
22	35	1.5	8	50	90	1	0.24	6.18	5.8	1.41	22.87%
23	55	1	2	50	90	1	0.24	17.81	17	0.73	4.11%
24	35	1.5	5	50	90	1	0.24	6.66	7.68	1.85	27.77%
25	45	1	5	65	90	1	0.2	10.5	4.09	1.15	10.97%

第6章　油气环境磨料水射流应急切割装置

磨料水射流利用所产生的高压水(或水与磨料的混合物)作用于物体,从而达到清洗、切割或破拆等目的。由于切割对象不确定,油气环境磨料水射流应急切割装置可以设计成不同的系列产品,以方便使用、提高实际效果。本章以油气环境应急切割为背景,研究适用于油气环境的磨料水射流应急切割装置。为了实现油气环境下的安全切割破拆,本章还针对系统的安全性进行了研究,通过磨料添加方式、安全距离设计、工作压力选择等各个方面进行了专门设计,合理确定了应急切割装置的安全方案,确保了磨料水射流应急切割装置在油气环境下的安全性。

6.1　油气环境磨料水射流应急切割装置定位

6.1.1　研制原则

磨料水射流应急切割装置可以有效解决现有应急切割装置难以适应油气环境的缺点,在切割过程中不产生粉尘等污染性物质,具有应急性、环保性和安全性等特点,对操作人员安全和环境保护具有难以比拟的优点。除了油气环境下的应急切割,该装置还可以应用于机场跑道快速修复、地震救援、道桥修复、房屋拆除、消防救援等多种不同场景,是典型的多功能通用型设备。为了贯彻国家科技发展战略，最大限度地提高技术装备发展水平，磨料水射流应急切割装置发展应遵循以下主要原则。

(1)着眼长远，统筹规划

应急切割装置具有非常重要的实践性，应当开展科学充分的规划论证，确保适应国家和行业建设的要求。根据安全要求的磨料水射流应急切割装置，将主要对油库、输油管线等油气环境下的设施设备进行应急修理，以便恢复和保持工作能力。按照传统的切割方式，无法适应易燃易爆环境下的切割作业，射流切割通过喷嘴射出含磨料的高压水流对切割对象进行作业。该方式具有安全、快速、适应性强的特点，能够对金属管道、混凝土、机场跑道、进行切割破拆和及时修复，确保经过抢修的设施设备具有良好的适用性。

(2)符合标准，满足要求

对于应急装置的研制与生产，国家均有严格的标准进行规范，磨料水射流应急切割装置的研制也不例外。在符合国家标准和行业标准的基础上，应积极加强与先进技术的结合程度，拓宽与多方救援力量的沟通联系，提高同类型应急切割装置的通用性，实现融合式发展；在满足规范要求的基础上，应尽可能提高对先进技术的成熟转化，有效提升装置技术的先进性，尽可能提高工作效能，适应现代应急切割的技术要求。

(3)互为补充，提升能力

我国已经成功研制生产了包括油库应急抢修车、工程机械在内的各类抢修设备，并配备到应急救援队伍和石化企业，形成了以骨干装备为主、多种器材辅助的抢修体系；在保障性、维修性和环境适应性等方面的技术指标已基本满足现状，保障条件也符合实际，新的技术与设备研制应当以此为基础，参考借鉴部分指标，适应现场作业环境，匹配实际保障能力，确保设备技术指标和保障要求能够应对事故考验，适应未来行业需求。

6.1.2 射流装置分类

按照不同的分类方法,射流装置可以分为很多种类。结合装置的实际用途,对常见的射流装置进行分类。

按照射流压力分类,射流装置分为低压射流装置、中压射流装置、高压射流装置和超高压射流装置。低压射流装置是指压力在 10 MPa 以下的射流装置,中压射流装置是指压力为 10～200 MPa 的射流装置,高压射流装置是指压力为 200～250 MPa 的射流装置,超高压射流装置是指压力大于 250 MPa 的射流装置。

按照介质分类,射流装置可以分为:①单一介质射流,如纯水射流、液氮射流和其他液体射流;②固-液两相射流,如磨料水射流、冰粒射流;③多相射流,如气压输送磨料水射流、干冰气液射流等。

按照用途分类,射流装置可以分为射流清洗装置、水应急切割装置、超高压大功率成套装置、表面处理装置和消防设备等。按照功率大小分类,射流装置可以分为大型射流装置、中型射流装置和小型射流装置。大型射流装置主要用于工业机床加工、航天材料制造、无损挖掘等领域,中型射流装置主要用于工业清洗、弹药销毁、应急消防等领域,小型射流装置主要用于普通清洗、除尘、洗消等领域。

本书所研究的水射流主要有清洗、除锈、切割等多种用途,为降低压力要求,一般通过添加磨料方式提高切割效果,属于磨料水射流范畴。按照不同的技术特点,磨料水射流划分为前混合式和后混合式。前混合式射流装置结构相对简单,但是对喷嘴和管路的磨损较大,对压力要求较低,可以满足油库抢修使用要求,具有体积小、适应性强等特点,适用于应急条件下的小型切割破拆需求。后混合式射流装置的特点是工作压力高,一般要求 200 MPa 以上,供砂供水装置结构复杂,切割能力强,是目前应用最广泛的磨料射流方式,适用于长时间、大规模的切割破拆需求。

6.1.3　磨料水射流应急切割装置的定位与编配使用

在应急抢修领域，抢修系统主要是由切割、破拆、救援、医护、警戒、通信等不同功能部件和子系统所构成的抢修系统，适用于各种环境下的应急抢修作业。磨料水射流应急切割装置属于专用抢修设备，主要应对油库、加油站等油气环境下的应急抢修需求。

抢修装置的安全可靠对保障应急抢修行动的顺利开展具有重要意义。油库加油站等场所的设施设备由于大量储存、运输油料等危险化学品，容易发生燃烧、爆炸等严重事故，普通抢修装置难以有效完成抢修任务。磨料水射流应急切割装置可以有效实施油气环境下对各类救援场景进行应急抢修作业，实现对包括混凝土、金属储罐、输油管道和道桥等不同对象的切割破拆，对恢复石油供应能力、提高能源安全水平具有关键意义。

磨料水射流应急切割装置编配到政府消防应急救援队伍和石化企业消防队伍，编配数量依据其抢修救援任务确定，以满足在油气环境下的应急抢修需要。不同单位的编配使用具有各自的特点。油库等储存量较大或输转量较大的单位，由于危险性较大，事故影响范围广，应当专门配备磨料水射流应急切割装置，应对油气环境下的应急抢修需要。长距离输油管线经过多年的运行，进入了故障高发期，容易出现泄漏、损坏等各类型的事故，可以在部分泵站和应急消防分队配备磨料水射流切割装置，实现对破损管道进行快速安全抢修作业。加油站等小型油料保障单位，站内设施包括埋地油罐、加油设备和输油管线等油料设施，特点是地理位置分散、管理人员少、流动速度快、技术力量有限，可在上级管理部门建立应急处置力量，配备专门的应急抢修装置，应对危险情况的发生。

6.2 系统总体设计

为适应油气环境中的应急切割需要,解决油气危险场所缺乏切割破拆装置的问题,将运用前面的研究结论,设计研制一套适用于油库站及相关场所的射流应急切割装置。该装置将用于解决以往事故发生后缺乏安全切割破拆设备,甚至发生二次事故的问题。射流应急切割装置是通过水射流技术遂行抢修任务,其中关键的抢修内容是对受损的油罐、输油管道以及建构筑物进行切割破拆。

6.2.1 射流应急切割装置主要技术参数

根据第 5 章提出的油气环境应急切割关键技术指标,结合调研、理论分析、实验研究、数值模拟仿真等环节,确定了射流应急切割装置的主要技术参数如下。

①防爆能力。额定工作压力为 30 MPa,最大工作压力为 50 MPa,流量范围为 15 ~50 L/min,动力源应选择防爆性能强的柴油机或防爆电机。能够在不同油气浓度的受限空间内,避免爆炸、爆燃等事故的发生,特别是在进行切割、破拆操作过程中,要确保不出现冲击火花、碰撞火花等点火源。

②切割破拆能力。在标准条件下,射流应急切割装置可以切割厚度不大于 100 mm 的钢板和厚度不大于 300 mm 的混凝土,也可以实现对钢筋混凝土等建筑材料的切割破拆;最大切割移动速度不低于 300 mm/min。

③机动能力。射流应急切割装置可以采用集装箱装载或车载,通过各种交通工具快速到达一线,能够在半地下库或洞库内等不同空间内机动,特别是在事故现场交通道路条件较差的情况下抵达现场作业;结构采用集成化设计,便于实现整体运输和操作,通过高压管路连接执行机构与主机,高压管路长度不少于 20 m,可以视情况进行延长。

④可靠性。射流应急切割装置的平均无故障运行时间不少于8 h,在水源和配件充足的条件下,持续工作时间不少于72 h,能够在复杂地质条件下进行工作,特别是山区、高原、海岛等远离城市的情况下。

⑤其他指标。除以上几个关键技术指标外,还有一些装置应当考虑的因素及指标,主要包括环境适应性、操作特性和动力来源等。环境适应性是装置应该满足高原、荒漠等不同地域的使用要求,环境适应温度为-25~46 ℃。当温度低于0 ℃时,通过配备加热装置,满足低寒地区使用要求。操作人员配备人数为3~4人。展开和撤收时间不超过20 min。动力来源应保障安全性,选择内燃机或防爆电机。磨料选择80目的石榴砂磨料,能够实现对绝大部分钢板和其他材料的切割。

6.2.2　系统总体组成设计

射流装置功能各异、结构不同,但是从系统组成上都包括动力系统、磨料添加系统、泵、管路、喷嘴和执行机构几个部分。相比其他形式的射流装置,前混合式磨料射流装置,通过高压泵将水加压,经过调节阀将高压水分流少部分进入磨料罐,通过混合腔实现磨料与水的混合,最后通过喷嘴进行作业,能实现较低压力下的切割与破拆,达到了油气环境下的应急切割需求,避免了后混合式磨料水射流所需的高压设备过于笨重及稳定性问题。前混合式磨料水射流的技术方案结构相对简单,切割效果好,设备功率与体积相比传统的水射流装置更加紧凑,能满足在应急条件下抢修救援的机动性要求。

根据油气环境下的应急切割需要,射流应急切割装置的总体组成主要包括储水单元、增压单元、动力单元、磨料加注单元、喷嘴及执行单元、底盘单元及控制单元,具体的系统方案如图6.1所示。

①储水单元。储水单元由储水箱、两级过滤器材、供水阀、放空阀等构成,用于接收并过滤来水,为增压单元提供充足的清水。水源选择消防水源或生活水源,通过管线向储水箱供水,并设置过滤系统,防止杂质堵塞喷嘴、管路和其

他部件。

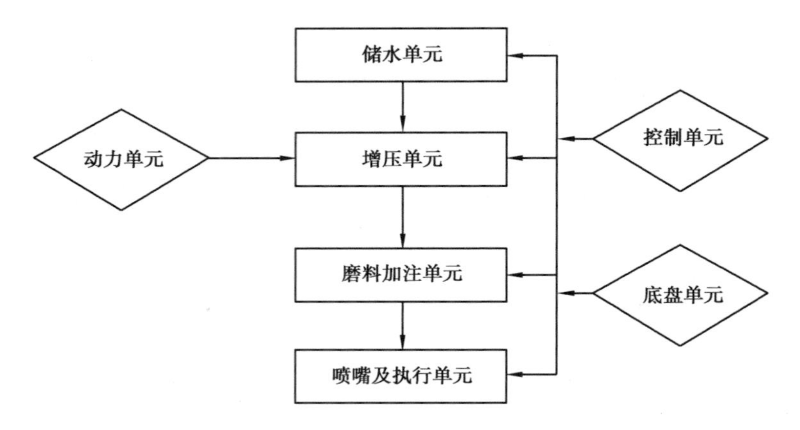

图 6.1　射流应急切割装置系统方案

②增压单元。增压单元主要包括容积式增压泵、调节阀、安全阀等。发动机带动泵工作，把低压清水增压至射流需要的高压，调节阀确保提供的高压水稳定在设计的范围，当压力超过安全阀的设定值，安全阀开启回流，起到保护作用。高压泵机组需要外接动力源，无论是采用内燃机还是电动机进行驱动，都需要对排气管或电路进行防爆处理，例如加装阻火器、选用防爆电机，将切割主机设置在作业区以外，安全距离一般定为 30 m，通过高压管路连接执行机构进行作业。

③动力单元。根据不同的需求，动力单元需选择不同的动力源。在供电保障可行的情况下选择电动机，在野外条件下选择燃油发动机提供动力。不同的动力源所带来的射流也有区别，燃油发动机驱动动力更强，但稳定性和噪声较大，适用于野外条件；电动机的使用需要外接电源，油气环境下对用电安全和防爆提出新的问题，适用于具备安全配电条件的场所。

④磨料加注单元。磨料加注单元由磨料罐、磨料加注阀等组成，主要采用前混合式磨料供给系统，利用水动力实现磨料与水的混合，不需要外加气体动力源驱动磨料混合，更好地保证了射流系统的安全性。一般来讲，系统压力降低有利于提高系统的安全性和可靠性。射流切割工作压力确定与工作方式有

很大的关系，前混合式磨料添加方式的系统工作压力较低，在喷嘴内和射流核心段内，磨料与水的流动属于固液两相流，磨料颗粒与喷嘴及切割件间产生火花的可能性较低。

⑤喷嘴及执行单元。经过前面研究，针对常用的锥柱形喷嘴、锥形喷嘴、圆柱形喷嘴和流线型喷嘴进行对比分析，发现流线型喷嘴的水流密集度最佳，射流比能低，速度峰值与有效打击距离都优于其他三种喷嘴，应该优先选择流线型喷嘴。在金属切割中，对射流的加速性能和密集性要求较高，因此采用流线型喷嘴、锥柱形喷嘴比较合适，在清洗作业与破拆作业中，对作业效率有更高要求，应该综合考虑实际应用情况选择合适的喷嘴。还需要考虑喷嘴等部件的快速更换，应选择快速接头的连接方式，避免选择螺纹连接方式，加快作业中的喷嘴更换速度，提高抢修救援效率。执行单元主要包括管道切割器、开孔器和手持式执行结构，分别应对标准状况下和特殊情况下的切割破拆需求，可以根据实际情况进行灵活选择。

⑥底盘单元。根据应急救援中不同条件下的作业方式，选择适合不同场合的装载底盘，设置小轮等辅助移动装置；在进行实际切割作业时，根据空间的需要进行设备的组合与拆装，特别是在一些覆土储油区和洞库，适应狭窄空间和崎岖山路等不良条件下的作业要求。

⑦控制单元。在不同的切割条件下，对射流压力、靶距和切割速度等操作参数具有不同的要求，需要进行专门的控制。控制单元还包括操作顺序、安全规程等具体要求。例如开机时先打开纯水射流再操作磨料添加开关，停机时先关闭磨料添加开关，再关闭泵机组，防止喷嘴堵塞；设置操作规范，防止误操作；开机前要检查安全阀、紧固等技术措施。

组成射流装置的不同单元之间存在着紧密联系，按照流体流动的顺序，水流从储水单元进入增压单元，经过高压泵加压后，通过管路流向磨料加注单元，在喷嘴及执行单元的作用下，产生高压水射流，进行切割作业。动力单元为增压单元提供动力来源；控制单元是整个装置进行作业的核心，决定了切割过程和作业效果;底盘单元是射流应急切割装置进行装载和快速移动的基础。射流切割属于高压操作,具有一定的危险性,操作时要避免其他人员进入现场,特别是射流切割区域。

6.3 磨料水射流应急切割装置单元设计

根据上文介绍的磨料水射流应急切割装置总体组成,以及阐述的不同单元在装置中的作用,下面针对各个单元的设计要点进行说明。

6.3.1 储水单元设计

储水单元的主要作用是对射流用水进行储存,在水进入下一单元前进行过滤,同时具备利用外界水源进行快速补给的能力。现场切割用水需用管路与外界水源连接。在完成进水工作后,为避免水流中的气体造成流场的变化,专门设计了排气功能,在完成储水后,关闭排气阀,保证切割过程的稳定。

图 6.2 储水箱设计图

考虑应急切割的便携性与可移动性,设置水罐为 500 L,按照流量 15 L/min 计算,开始切割后可以连续工作 30 min,同时通过外接水源进行补充。为了保证水箱的稳定功能,箱内高度设计不低于 0.5 m。由于喷嘴的直径一般为 1 mm,为防止水中的杂质影响流动,需在水进入增压单元前进行过滤,一般采用两级过滤的方式,第一级过滤精度不大于 3 m,第二级过滤精度不大于 1 m。实际切割过程中往往需要使用大量的水,外界水源要尽可能选择经过处理的水,如消防用水、生活用水等,尽可能避免直接使用江河湖水等自然水源,以免造成过滤装置更换过于频繁。储水箱的三维设计效果如图 6.2 所示。

6.3.2　增压单元设计

(1)高压泵

高压泵是磨料水射流的关键部件之一,它用来产生连续的高压。高压泵种类较多,主要包括离心泵和容积泵两类。由于单机离心泵产生的压力不高,如果想得到高压必须多级串联使用,因此离心高压泵设备笨重庞大,在磨料水射流中很少使用。容积泵靠密封的容积变化产生高压,一般分为齿轮泵、叶片泵和柱塞泵等多种类型,其中柱塞泵的应用最广泛,应用于射流设备的柱塞泵可以实现100 MPa以内的压力调节。

柱塞泵一般分为轴向柱塞泵、径向柱塞泵、立式往复泵和卧式往复泵。轴向柱塞泵因其与原动机直联、转速高,多用于10 MPa以下的微小型清洗机。径向柱塞泵作为大功率高压泵已经得到广泛应用,这种泵的缸数多、速度高,排出压力无脉动,在高压、高功率下的质量比很小。但这种泵的结构复杂,拆卸不方便,泵的变型(压力、流量)能力较差。立式往复泵和卧式往复泵,压力不受流量变化的影响,适用于高压、大功率场合,系列化、通用化、标准化程度高,运行可靠。但是,立式往复泵重心高、机组运行稳定性差。卧式往复泵虽然运行平稳、拆装方便、便于观察,但占地面积大。

柱塞泵还具有以下特点。

①工作效率高。一般柱塞泵的工作效率在90%以上,超过了大多数容积泵。

②功率大。由于转速高、压力大,能够驱动更大的功率。

③寿命长,能有效降低泵使用和更换成本。

④体积小,便于安装和运输,适应狭小空间和应急作业要求。

⑤承重性好,主要零部件材料强度能够充分利用,可避免冗余。

经过对比分析,柱塞泵更适合用于高压水射流的压力需求和使用特点,因此选择卧式柱塞泵作为射流应急切割装置的加压系统。

(2)动力系统设计计算

根据前面的设计计算可知,前混合式磨料水射流切割的压力通常在50 MPa以下,因此可选用流量为15 L/min、压力50 MPa的柱塞泵。

柱塞泵的有效功率为:

$$P_e = \frac{PQ}{60} = 12.5\ \text{kW} \tag{6.1}$$

式(6.1)中,P_e 为柱塞泵的有效功率,单位为kW;P 为柱塞泵出口压力,单位为MPa;Q 为柱塞泵额定流量,单位为L/min。

取泵的效率 $\eta=0.9$,则泵的轴功率为:

$$P_{轴} = \frac{P_e}{\eta} = \frac{12.5}{0.9}\text{kW} = 13.889\ \text{kW} \tag{6.2}$$

6.3.3 磨料加注单元设计

(1)磨料添加系统

为了提高磨料与水流的混合效果,应让磨料与水在喷射之前先行混合,形成磨料浆体,喷射后利用磨料和水的冲蚀作用切割靶物。相比后混合式磨料水射流,磨料的初速度与水流速度基本一致,具有更大的动能和冲蚀力,相同压力条件下具有更强的切割能力。

磨料添加方式设计了新型系统,将水流引入磨料罐内,分为两路进入混合腔内,运用水流的自动作用完成磨料与水的混合,避免引入新的动力增加系统的复杂程度。一路水流将磨料从磨料储存区域带入混合腔,通过另一路水流带动混合腔内的磨料向前流动,避免磨料的沉降造成管路堵塞。磨料罐完全脱离了流路,内部各点压力的差异只是由高度差造成的静水压力,磨料间隙内流体不受罐内磨料数量的影响,避免了磨料剩余量变化影响供给速度,保证供给均匀。新型前混合式磨料添加系统如图6.3所示。

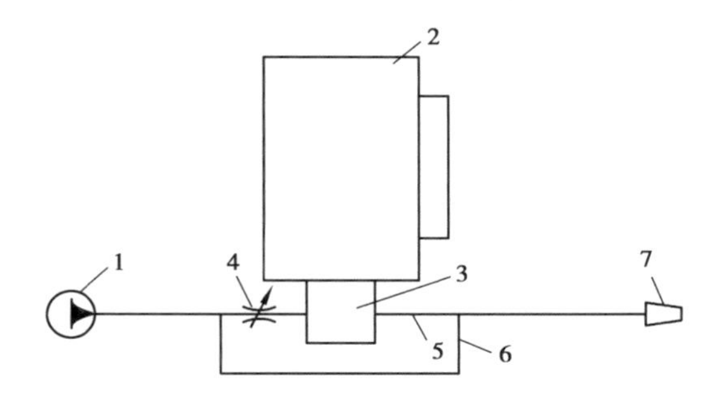

图 6.3　新型前混合式磨料添加系统

1—高压泵;2—磨料罐;3—混合部;4—磨料控制阀;5—磨料管路;6—高压水管路;7—喷嘴

磨料供给量由磨料控制阀调节,压力管道中的磨料速度必须大于临界速度,磨料颗粒才不会沉积,如表 6.1 所示。

表 6.1　磨料临界速度

矿浆浓度/%	矿石的平均粒径/mm				
	≤0.074	0.074～0.15	0.15～0.4	0.4～1.5	1.5～3.0
1～20	1.0	1.0～1.2	1.2～1.4	1.4～1.6	1.6～2.2
20～40	1.0～1.2	1.2～1.4	1.4～1.6	1.6～2.1	2.1～2.3
40～60	1.2～1.4	1.4～1.6	1.6～1.8	1.8～2.2	2.2～2.5
60～70	1.6	1.6～1.8	1.8～2.0	2.0～2.5	—

磨料罐是一种高压容器,其工作压力等于高压系统的工作压力。为改善系统的受力状况,应采用细长结构。若采用直径较大的容器,应采用复合壁结构。本设计采用人工添加磨料,容器顶部装活动封盖,能快速拆装。

供料阀的作用是启闭和调节磨料,常采用球阀、转芯阀或往复式滑阀。混合室是一空腔,上部有一节流孔,高压水流经节流孔时造成局部涡流,使磨料均匀混合到水流中。

(2)磨料选择

由于磨料消耗量较大、更换过程需要停止作业,并且相对设备成本和切割对象价值,成本较低,因此应当在价格可以接受的基础上,尽量选择切割效果好的磨料,常见磨料的特性如表 6.2 所示。

表 6.2　常见磨料的特性

序　号	种　类	磨　料	切割性能	强　度	相对密度	是否可回收	成　本
1	矿物	硅砂	差	1 100	3.0	否	低
2	人造矿物类	石榴砂	良	1 300	3.8	否	中
3	金属类	氧化铝	中	1 500	3.4	可	中
4	人造矿物	金刚砂	优	2 500	3.2	否	高
5	金属	铁渣	中	500	3.2	可	低
6	金属	铁砂	良	800	7.3	可	中

从表 6.2 中可以得到,石榴砂是石榴石经过加工得到的,具有硬度高、耐高温、性能稳定等优点,在我国大多数地区都有生产,应急情况下不考虑回收,应当优先选择这种材料。金刚砂的切割性能最优,但是其价格昂贵,在对切割性能有特殊需要的场所进行配置。

对于前混合式磨料水射流,选用磨料为 80 目石榴砂,磨料颗粒直径最大为 0.18 mm,密度为 4 000 kg/m^3。由于磨料射流系统中磨料质量浓度一般不超过 30%,因此,通过实验计算得到磨料水混合液平均流量约为 15 L/min,混合液的消耗速度约为 19.35 kg/min,其中磨料的消耗速度最大不超过 5.8 kg/min。根据实际实验情况,磨料消耗速度一般较理论值要小。原因是磨料供应速度往往是非稳态的,质量浓度往往达不到 30%。

6.3.4　喷嘴及执行机构单元设计

根据操作方式不同,切割分为人工手持作业、机械支架作业和机器人作业。为了便于操作,同时考虑切割的环境、作业条件复杂,没有规律,手持式使用灵活等因素,故按手持式设计并配备机械支架,便于有条件使用时采用。为增加切割稳定性，提高工作效率，降低人员操作带来的误差，则应选择机械支架作业。未来的发展方向应该是机器人作业方式。

由于切割对象包括管道、油罐及其他设备，因此，切割执行机构有管道切割器、开孔器和手持切割喷枪。研制磨料水射流切割执行机构的技术要求如下：切割头应安装牢固，切割过程中不产生晃动及位移；高压水开关阀应开关灵敏、无泄漏；磨料供给系统应加装防回水装置，作业过程中不允许出现回水现象；磨料控制阀应开关灵敏、工作可靠磨料供给应均匀、连续，无堵砂、断砂现象，磨料供给量可调节。

(1)管道切割器

管道切割器应用于管道及圆柱形物体的切割，例如各种钢制与塑料管道的切割，传动方式为链条传动，如图6.4所示。

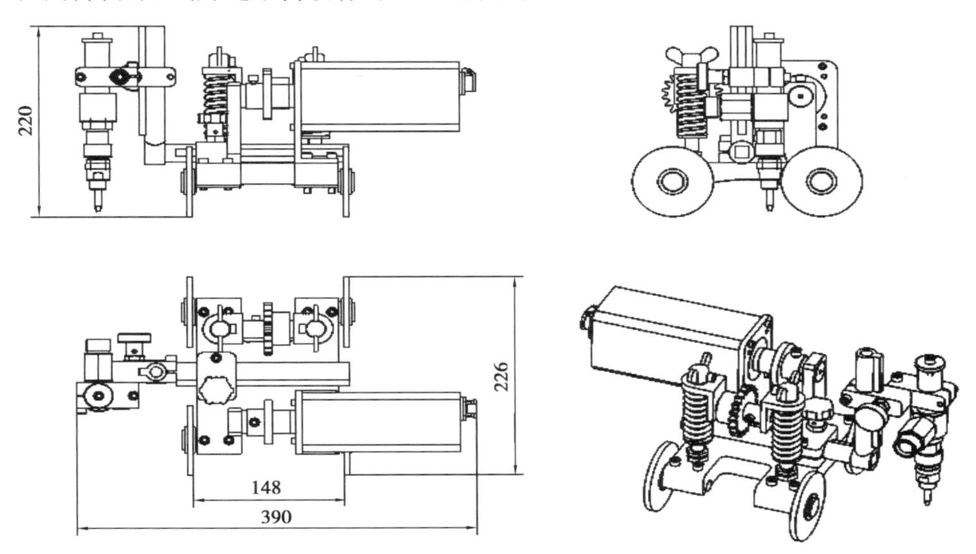

图6.4　管道切割执行机构

切割时，根据切割对象的特点调整切割执行机构的参数，通过切割执行机构控制喷嘴的移动，可以高效、快捷、省力地进行安全切割。为了实现便携性，将手柄、防砂罩、喷嘴等集成到执行机构上，随着轮子转动形成稳定切割，执行装置输出的磨料水射流进行切割作业。管道切割执行机构的性能参数如表6.3所示。

表6.3 管道应急切割装置性能参数

序　号	参　数	数　据
1	机构名称	管道应急切割装置
2	外形尺寸	300 mm×226 mm×180 mm
3	设备质量	6 kg
4	执行标准	GB/T 26148—2010
5	电源电压	DV12 V
6	切割管径	100 ~ 1 000 mm
7	切割速度	可调

管道切割器由电力驱动,电源电压为DC12 V直流,携带移动蓄电池或者通过车用蓄电瓶驱动。电池性能参数如表6.4所示。

表6.4 电池性能参数

序　号	参　数	数　值
1	品牌	瓦尔塔
2	型号	6-QW-120B
3	电压	12 V
4	类型	起动型蓄电池
5	认证	ISO 9001
6	质量	30 kg
7	额定容量	120 A·h
8	起动电流	850 A
9	荷电状态	免维护蓄电池
10	化学类型	铅酸蓄电池
11	排气结构	防酸隔爆式蓄电池
12	外形尺寸	406 mm×172 mm×211/231 mm

切割执行机构喷嘴移动驱动系统由 24 V 直流电源驱动,电源来自汽车蓄电瓶。在执行机构与管道、油罐和容器等接触处设置软金属铝垫,防止碰撞引起火花。

(2)开孔器

开孔器用于油罐管壁等的开孔作业,固定方式为强力磁铁吸附。从磨料罐流出的磨料水混合液通过高压软管抵达开孔器喷嘴处,在喷嘴内流道进一步收缩,磨料水混合液得到加速,从喷嘴喷出形成磨料水射流。磨料水射流作用到靶体上对材料产生破坏,达到切割的效果。在整个系统中,开孔器通过链条带动喷嘴移动,喷头固定在切割执行机构上,通过控制切割执行机构的运动来控制喷嘴的运动。

为了便于调整实际切割过程中的控制问题,在执行装置的中间专门设计了一个起稳定作用的平衡支架,能够在切割时进行受力,保证切割时的稳定性,其结构设计为可拆卸的方式,保证了易损件的更换。开孔器的结构如图 6.5 所示,性能参数如表 6.5 所示。

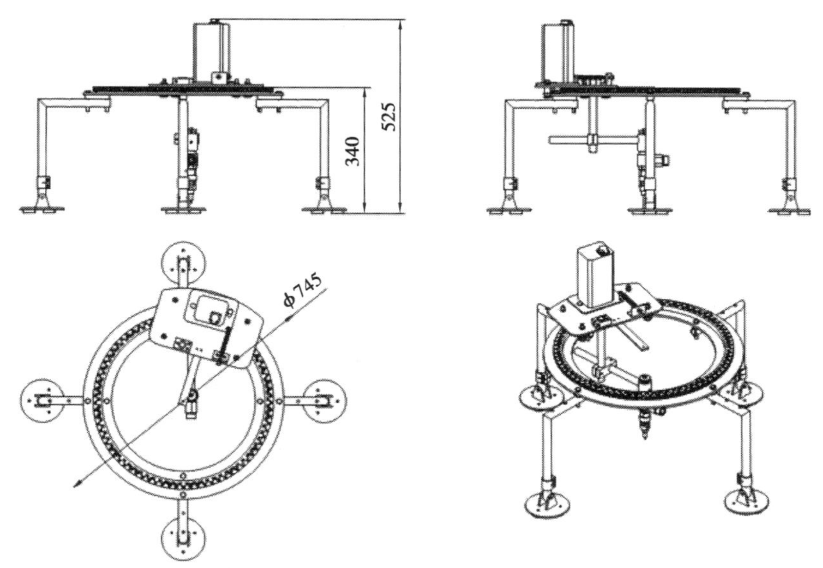

图 6.5　开孔器结构

表 6.5　开孔器性能参数

序　号	参　数	数　值
1	外形尺寸	D=540 mm,H=430 mm
2	设备质量	17.5 kg
3	吸附力	50 kg
4	执行标准	GB/T 26148—2010
5	电源电压	12 V
6	直径范围	1 200 mm
7	切割速度	可调

12 V 直流电压由蓄电池或车用蓄电瓶提供。电池性能参数同表 6.4。

(3)手持切割枪

针对一些非规则对象如防护门、铁栅门、螺栓、仪表座等的切割需求,根据实际操作能力和射流切割的特点,设计采用手持式切割喷枪,通过双手握持保证枪体的稳定,防止反冲力影响切割精度,这种执行装置由高压软管连接部、手柄、枪体、挡砂罩、喷嘴和执行轮组成,采用人工作业,不需要其他外界动力源。手持式切割喷枪的结构如图 6.6 所示。

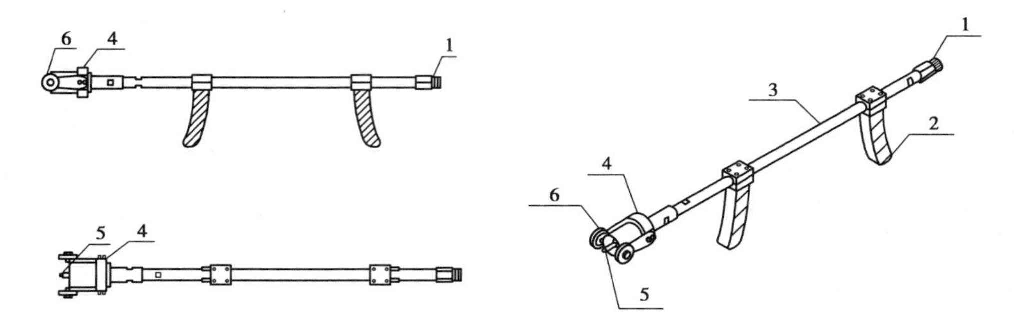

图 6.6　手持式射流切割执行装置

1—高压软管连接部;2—手柄;3—枪体;4—挡砂罩;5—喷嘴;6—执行轮

手持式射流切割执行装置内部结构中空,设有流道,保证磨料射流沿着中心轴线依次通过高压软管连接部、枪体和喷嘴;其后端以快速接头方式与高压软管连接,喷嘴采用螺纹式夹具与枪体连接;防砂罩用螺纹连接到枪体,便于更换喷嘴;行走轮固定在防砂罩上,其中心轴对称且与喷嘴中心轴成垂直关系,保证射流移动方向与切割方向一致。图 6.7 为手持式喷枪三维结构图。

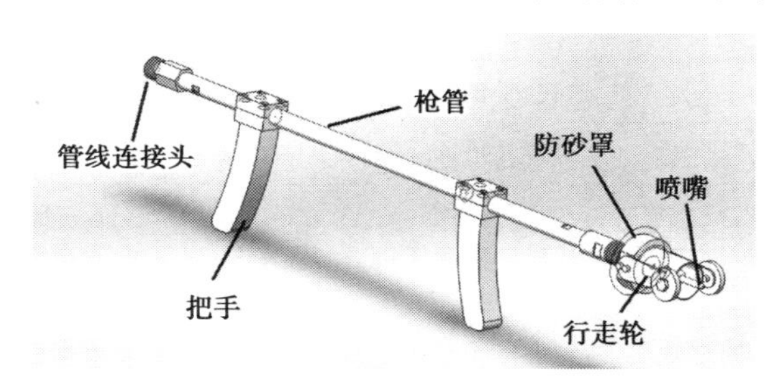

图 6.7　手持式喷枪三维结构图

这种执行装置在使用时,磨料水射流通过枪体进入喷嘴作业,在平面上能实现手持状态下的直线切割,同时避免了磨料飞溅,减少了喷嘴损坏的概率。新型手持式喷枪可有效降低人工手持切割的随意性和控制难度,降低对周围环境的影响,进一步适应特殊环境下的应急切割破拆。

6.3.5　动力单元设计

常见的几种动力源方案可分为四种,主要包括汽油机驱动、柴油机驱动、防爆电机驱动和发动机+防爆电机驱动。下面分别介绍其特点及主要技术参数。

(1)方案一:汽油机驱动

利用汽油机驱动高压泵,带动应急切割装置进行切割操作。在油库应用汽油保障可靠,装置应用动力可靠。汽油机技术指标如表 6.6 所示。

表 6.6 汽油机技术指标参数

序 号	参 数	数 值
1	型号	CP152F
2	旋向	顺时针
3	冲程数	四冲程
4	气缸数	单缸
5	冷却介质	风冷
6	标定转速	3 600 r/min
7	最大功率	1.6～18 kW
8	工作方式	往复活塞式内燃机
9	连续工作时间	8 h
10	启动方式	电动和手动
11	燃油消耗率	≤395 g/(kW·h)
12	燃油牌号	92#或更高标号无铅汽油
13	排量	390 mL

使用要求:由于汽油的闪点为 27 ℃,具有较大的危险性,因此需要将汽油机放在安全地域,通过高压管将高压水输送到作业地域,再通过切割执行装置进行切割破拆作业。

(2)方案二:柴油机驱动

柴油的闪点和燃点相比汽油更高,安全性更强。柴油机的动力更加充沛,能够保证更远距离的射流切割作业,因此柴油机的防爆性能更好,更适合用于油气环境下的作业。虽然柴油机的质量和噪声超过了汽油机,但根据射流应急切割装置需求分析得到的装置特性要求,安全性相比其他特性更加重要。本书选择的柴油机技术指标参数如表 6.7 所示。

表6.7　柴油机技术指标参数

序　号	参　数	数　值
1	型式	单缸、卧式、风冷、四冲程
2	燃烧室形式	直喷
3	缸径×行程	110 mm×120 mm
4	排量	1.140 3 L
5	最大扭矩	75.4 N·m
6	怠速转速	<800 r/min
7	最大功率	15.5 kW(2 200 r/min)
8	压缩比	17
9	起动方式	电起动
10	净重	180 kg
11	燃油牌号	夏天0号,冬天-20号

(3)方案三：防爆电机驱动

对于电力有保障的场所,宜采用电机驱动,不仅结构简洁,而且应用方便。当采用非防爆电机时,宜将机泵置于距离作业地点30 m以上的地方,此时要求作业点距机泵不宜太远,否则,磨料水流压力损失较大。当采用防爆电机时,通过防爆插接装置和电缆将电力引至作业场所,对位置要求限制较少。防爆电机的技术指标参数如表6.8所示。

表6.8　防爆电机技术指标参数

序　号	参　数	数　值
1	功率	15 kW
2	电压	380/660 V
3	接法	△/Y形接法
4	质量	157 kg
5	转速	1 450 r/min
6	功率因数	0.85

续表

序　号	参　数	数　值
7	频率	50 Hz
8	电流	30.1/17.4 A
9	绝缘等级	F
10	功率	15 kW
11	电压	380/660 V

(4)方案四：发电机+防爆电机驱动

为了更好地适应在爆炸性场所工作的需要，采用汽油机发电，将电力输送到需要作业的场所，通过防爆电机驱动高压泵进行工作，电气设计满足防爆设计要求。该工作模型中只要汽油有保障，应急切割作业就有保障。8 kW 发电机质量为 95 kg，防爆电机质量为 72 kg，质量比其他三种方案都更大。防爆电机的技术指标参考方案三，发电机的技术指标参数如表 6.9 所示。

表 6.9　发电机技术指标参数

部　件	参　数	数　值
发电机组	标定频率	50 Hz
	标定电压	220 V
	标定功率	15 kW
	最大功率	16 kW
	标定电流	27 A
	标定转速	3 000 r/min
	最大转速	3 600 r/min
	功率因素	1

续表

部 件	参 数	数 值
发电机附件	起动方式	电起动配备免维修电瓶(12 V,36 A)
	结构类型	框架式
	燃油箱容积	30 L
	润滑油容量	2.75 L
发动机	发动机型号	CH940
	品牌	科勒发动机
	类型	双缸、四冲程、风冷汽油机
	缸径×行程	90 mm×78.5 mm
	排量	940 mL
	最大功率	34 HP
	最大转速	3 600 r/min
	燃油	92#以上汽油
包装	尺寸	1 090 mm×740 mm×855 mm
	净重	180 kg
	基本配置	四脚轮、前后围板

适用场合:发电机置于非爆炸环境,通过电缆将电力输送到工作场所(如坑道等),适应的工作地点更广。

如果以柴油机为驱动方式,则柴油机与泵的传动连接方式有直联传动、皮带传动和齿轮变速传动。经过对比选择,皮带传动相比齿轮传动更适用于射流装置,三角带传动比与平皮带相比更高,传动效率较平皮带高,结构紧凑、运行安全平稳。

根据柱塞泵的轴功率可以求出柴油机功率。柴油机将动力传递给柱塞泵的过程中,不仅有传动损失,还要考虑柱塞泵工作时流量和扬程的波动,使得柴油机出现超载的情况。因此,柴油机的功率需要有比柱塞泵轴功率大的功率储备,用传动效率来反映传动损失,用动力安全系数来反映功率储备。在此,取三角带传动系数为0.96，取动力安全系数1.1，因此所需柴油机功率为：

$$P_{柴}=1.1\times\frac{P_{轴}}{0.96}=1.1\times\frac{13.889}{0.96}\text{kW}=15.914\ \text{kW} \tag{6.3}$$

(5)**方案设计**

经过对比分析，方案一和方案二能够实现野外条件下的切割作业，适用于石化企业野外条件下的切割作业，对保障要求较低。汽油机要加强对防爆性能和安全性的要求，例如设置专用油箱、加强油气浓度检测等措施；方案三要求现场有电力供应，就保障难度而言更有挑战性，基本不适合用于野外条件下的切割作业；方案四存在能量多次转换的情况，一方面造成了不必要的能量损耗，另一方面设备的复杂程度也大大提升，不利于装置可靠性的要求。

经过进一步对比，虽然汽油机具有便携性，但是从装置的应用场所来看，易燃易爆等油气环境下，柴油的闪点和安全性都明显优于汽油；从后勤保障的角度来看，绝大多数的装置都采用柴油动力源，油料来源更有保证。选择柴油机作为动力源，目的是降低发动机起动时的负荷，减少无用功的输出，在柴油发动机和高压泵之间设置离合器，是为提高动力可靠性，节约能源。

综合权衡安全性、保障性、可靠性和节能环保等因素，方案二更优，故确定选用方案二，即柴油机驱动。

6.3.6 底盘单元设计

根据不同的切割需求，射流装置的功率大小不同，相应的装置结构和体积也有所区别。大型应急切割装置由于体积大，难以进入洞库、半地下库等狭小空间作业，因此在选择装置运载结构上进行单独设计。中小型应急切割装置由于设备结构紧凑，进行动力与作业装置一体化设计，安装在同一底盘上。

根据运载结构不同，射流应急切割装置分为分体式射流装置和一体式射流装置。分体式结构是将动力装置和作业装置分开配置，便于在受限空间及野外环境中进行移动；一体式结构是将所有装置配备在一个平台上，提升了系统集成度,便于满足油气环境下的防爆需求。针对油气环境下的应急抢修救援要求,根据不同需求选取合理的运载结构。综合油气环境下的应急切割需求,本章采用一体式运载结构。

6.3.7　主要设备器材选型

经过之前的方案设计和参数计算,对主要设备进行选型。具体结果如表6.10所示。

表6.10　主要设备选型清单

序　号	设备名称	基本参数	备　注
1	柴油机	最大功率:16 kW 标定转速:2 200 r/min 缸体:单缸 启动方式:电动/手动	净重:180 kg; 外形:1 000 mm×650 mm×450 mm; 水冷; 车用柴油
2	柱塞泵	最大流量:15 L/min 最高压力:50 MPa 最高转速:1 450 r/min	质量:16 kg
3	安全阀	流量:80 L/min 工作压力:50 MPa 最大压力:56 MPa	额定温度:90 ℃; 质量:1.42 kg
4	磨料罐出口管线	四层钢丝缠绕橡胶软管 内径:10 mm 外径:24 mm 工作压力:70 MPa	最小爆破压力:210 MPa; 最小弯曲半径:160 mm; 质量:1.03 kg/m
5	泵出口管线	两层钢丝缠绕液压胶管 型号:10×2SP 内径:10 mm 外径:21 mm 工作压力:70 MPa	爆破压力:180 MPa; 最小弯曲半径:160 mm; 质量:0.75 kg/m

续表

序　号	设备名称	基本参数	备　注
6	磨料	80 目石榴砂	
7	过滤器	流量大于 30 L/min	过滤精度大于 80 目

6.4　磨料水射流应急切割装置集成设计

集成设计是在单元设计的基础上,运用并行工程的方法,将不同单元的功能和结构尺寸有机结合起来,形成一套装置设计方案。在方案研究阶段就考虑装置的全寿命周期影响,能够最大限度提高方案的有效性,避免设计冗余和偏差。

6.4.1　关键部件及整体三维设计图

将磨料罐、高压泵、柴油机、水箱等组装在小推车上;切割头、执行机构、工具、配件装在辅件箱内;消防水管、高压管、磨料输送管等单独放置,得到了磨料水射流应急切割装置的方案图。图 6.8 为其主机装置的三维结构设计图。

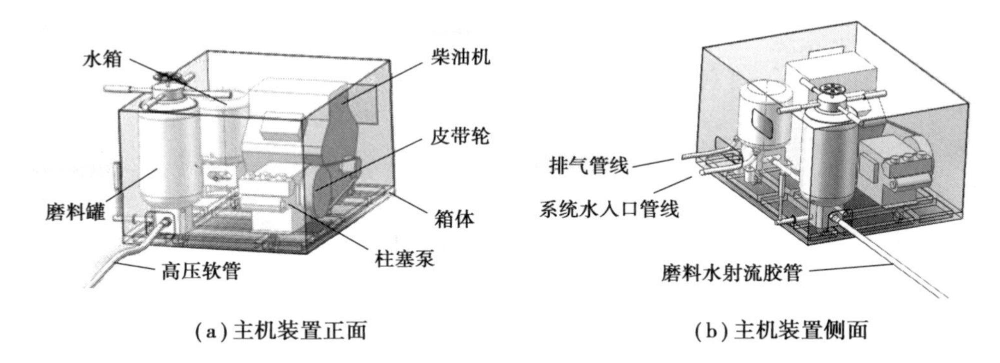

图 6.8　磨料射流应急切割装置主机装置三维结构设计图

从图 6.8 可以看出,通过集成设计,将柴油机、高压泵、水箱、磨料罐等主要单元集中布置在一起,经过高压软管连接切割执行装置,组成了磨料水射流应急切割装置。根据不同的用途,可以连接所需的执行装置:当需要切割输油管道,连接管道切割器;当需要在油罐或其他金属薄壁上开孔,连接开孔器;如果需要切割其他不规则形状或空间受限时,连接手持执行机构。当需要进行清洗或除锈时,选择关闭磨料阀门,调节泵的压力,实现多功能作业。图6.9为切割头三维结构设计图。

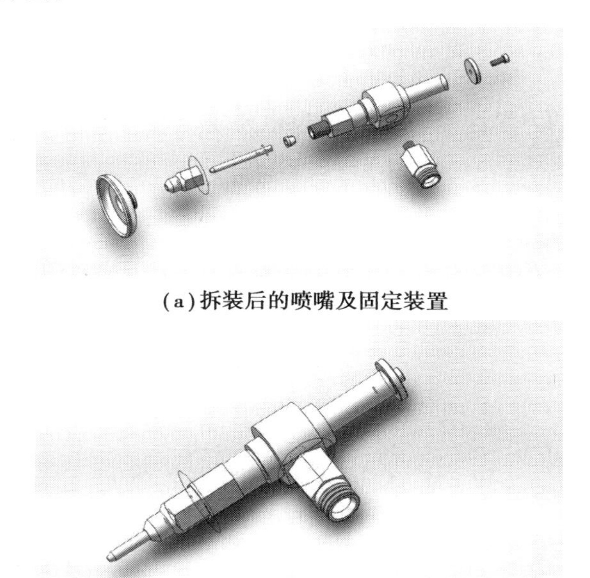

(a)拆装后的喷嘴及固定装置

(b)组装好的喷嘴及固定装置

图6.9　切割头三维结构设计图

在油气环境下的应急切割领域,装置的小型化可有效提高应急切割的时效性。水罐可以保证一定时间的作业需求,同时该应急切割装置自带动力,可以直接进行作业,不需要外接电源或其他动力保障,更能适应战争或事故造成的复杂条件。该装置能够充分体现应急性和便携性,有效满足快速切割的需求,避免了其他射流设备的笨重和功能单一。

应急切割任务不同,工作量差别大,对水的需求量也不同。为了保证质量和尺寸符合便携性要求,该装置水罐容量可以保证30 min作业,当切割工作超过了规定时间后,可以通过连接外界水源,保证持续工作能力。同时基于射流切割的特点，要求作业前磨料阀门的开启要晚于水流阀门，作业后磨料阀门的关闭要早于水流阀门，防止磨料堵塞管路和喷嘴。在切割初期和末期，射流以纯水为主，切割能力有限，在实际操作中需加以注意。

6.4.2 承压件制造与装配要求

(1)承压件材料

承压件材料的力学性能必须满足规定要求。装置的使用温度低于-20 ℃(耐压试验温度)时，要以较低的温度进行冲击试验，要同时满足表6.11中平均值和最小值的规定。

表6.11 承压件材料要求表

类别	锻件			管子		
等级	A	B	C	a	b	c
拉伸试验极限强度/MPa	700～850	850～1 000	1 000～1 200	800～900	900～1 000	1 000～1 100
拉伸试验屈服极限/MPa	>600	>750	>900	>700	>800	>900
轴向伸长率/%	>17	>16	>14	>17	>16	>16
切向伸长率/%	>14	>13	>12	>14	>13	>12
冲击试验轴向断面收缩率/%	>45	>35	>25	>50	>50	>45
冲击试验切向断面收缩率/%	>40	>30	>22	>40	>40	>35
冲击试验温度/(℃)	20			20		
冲击吸收功平均值/J	>20.6			>20.6		

续表

类　别	锻　件	管　子
冲击吸收功最小值/J	>14.7	>14.7

承压件材料应有化学成分和力学性能证明书，如无证明书时，应按照 GB/T 222，GB/T 223.3～GB/T 223.78，GB/T 228，GB/T 229，GB/T 230.1 和 GB/T 231.1 的规定进行化学成分分析和力学性能检验。材料的化学成分和力学性能应符合 GB/T 699，GB/T 700，GB/T 1220 和 GB/T 3077 的规定。

(2)承压件制造

主机承压件的制造技术要求：密封面不应有划痕、凹陷等缺陷；在承压零件上若有开孔和螺孔时，应考虑应力集中的影响；主机所有承压零部件应进行耐压试验；主机耐压试验应在设计温度下进行，试验介质为工作介质；耐压试验压力 P_s 为：

$$P_s = (1.1 \sim 1.25)P \tag{6.4}$$

式中，P 代表主机额定压力，单位为 MPa。

当试验压力达到规定值时，稳压保压时间不低于 30 min，保压期间不应渗漏。

(3)装配

各配件生产完毕经检验合格后的零件方可装配，外购部件应有合格证才可装配。在装配前，各零件应清除毛刺并清洗干净；装配时，所有的高压密封面应涂抹润滑油脂，所有承受高压的螺纹应涂抹防咬死润滑脂；柱塞和密封套应偶配研磨，其表面粗糙度 $Ra \leqslant 0.04\ \mu m$；螺纹连接件应使用力矩扳手按规定的力矩紧固；对于使用时可能发生拆装的接头应采用明显的文字或图形标识，以防错接；装配完成后，盘车检查，无卡阻现象。

第 7 章　油气环境磨料水射流应急切割装置应用

在油库中,油气聚集场所主要分布在储油区、泵房和输油管道附近,这些区域容易发生燃烧甚至爆炸事故,属于典型的危险环境。应急切割作业中,要求切割破拆作业必须安全可控,对精确控制要求很高。结合前面射流操作参数优化模型,可在已知参数的基础上对不同操作参数进行预测和优化。接下来针对应急切割中常见的管线、油罐进行分析,在已知切割对象的基础上,预测切割所需的时间,优化射流操作参数,为装置的应用提供依据。

7.1　用户操作界面设计

在实验研究中,往往对不同参数下的射流切割深度进行多方面研究,通过改变靶物材料、调整喷嘴直径和改变切割角度等参数,找寻射流切割深度的变化规律。在实际应用中,需要预测的射流冲击参数除了切割深度,还包括靶距、切割速度等其他参数。例如在应急切割中,往往采用固定的射流应急切割装置进行作业,对不确定的障碍物进行切割破拆时,首先要了解目标的基本参数,如结构、厚度、材料属性等,然后需要判断大致的切割时间,这种情况就需要预测切割速度;当要求在规定时间内完成破拆作业时,在明确切割深度、切割速度等参数的基础上,需要预测的参数主要是工作压力。因此,需要对不同参数进行预测,并针对不同条件对操作参数进行优化,这些都是神经网络模型的优势所在。

由于神经网络模型需要时间进行编程运算,而应急切割中往往对时间要求非常紧,且一线操作人员一时也难以掌握该模型。为避免模型的适用性受到制约,本书针对应急切割的需要,应用 MATLAB 开发了便捷、直观的交互界面,快速实现抢修人员对目标参数的预测与优化,有效拓展网络模型的应用范围。为了完成对不同参数的预测,实现应急条件下的快速判断,运用 GUI 工具箱,编写了射流操作参数优化模型的程序,能够实现对不同参数的快速预测,以及批量参数的预测,为操作参数的优化提供帮助。GM-BP 神经网络预测随机参数算法的 GUI 程序详见附录 3。

射流操作参数优化模型的用户界面具体如图 7.1 所示。

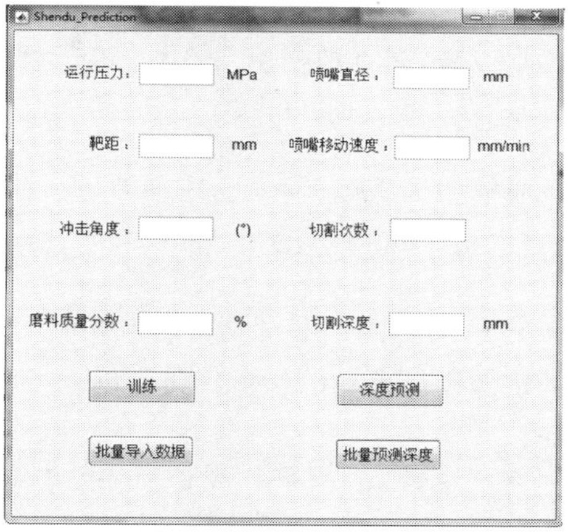

Shendu_Prediction
运行压力: MPa　喷嘴直径: mm
靶距: mm　喷嘴移动速度: mm/min
冲击角度: (°)　切割次数:
磨料质量分数: %　切割深度: mm
训练　深度预测
批量导入数据　批量预测深度

(a)切割深度参数预测界面

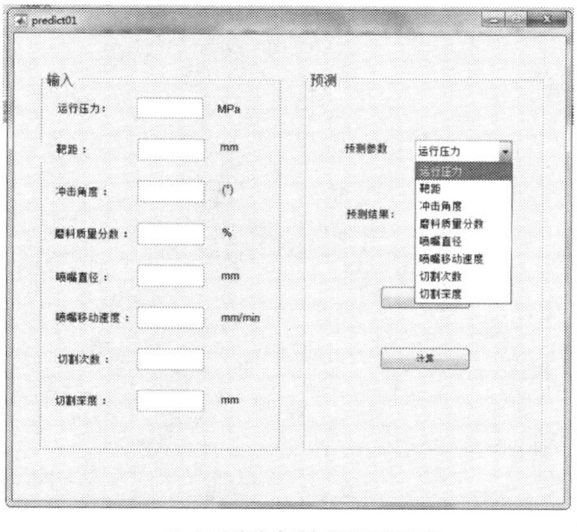

predict01
输入
运行压力: MPa
靶距: mm
冲击角度: (°)
磨料质量分数: %
喷嘴直径: mm
喷嘴移动速度: mm/min
切割次数:
切割深度: mm
预测
预测参数 运行压力
运行压力
靶距
冲击角度
磨料质量分数
喷嘴直径
喷嘴移动速度
切割次数
切割深度
预测结果:
计算

(b)不同参数预测界面

图 7.1　射流操作参数优化模型用户界面

如图 7.1(a)所示,按提示输入参数,即可得到切割深度预测值,当需要多个参数进行预测时,可以通过表格将数据导入模型,批量生成切割深度的预测数据。在图 7.1(b)中,能够对预测参数进行选择,例如预测工作压力参数,具体流程是在预测框内选择工作压力,调试程序,设置初始变量,输入样本数据对神经网络模型进行训练。完成训练后,输入冲击角度、靶距、磨料质量分数和喷嘴移动速度等其他参数,单击计算按钮,就可以得到工作压力参数的预测值。

打开程序界面,单击训练按钮,根据程序设定,训练模型可以通过程序自动导入默认文件夹内的 Excel 实验数据,运用神经网络模拟进行训练,实现自动建模与调用功能;当训练完成后,会自动弹出对话框,提示可以进行预测。模型训练和预测过程如图 7.2 所示。

输入实验数据,完成模型训练后,输入已知参数,运行 BP 神经网络,就能进行所需参数的预测。根据界面设置的模块,可逐个进行输入,也可通过批量导入的方式,实现对多个数据的在线预测,此时预测数据可以自动保存在默认文件夹,为不同情况下的切割操作参数的优化提供帮助。

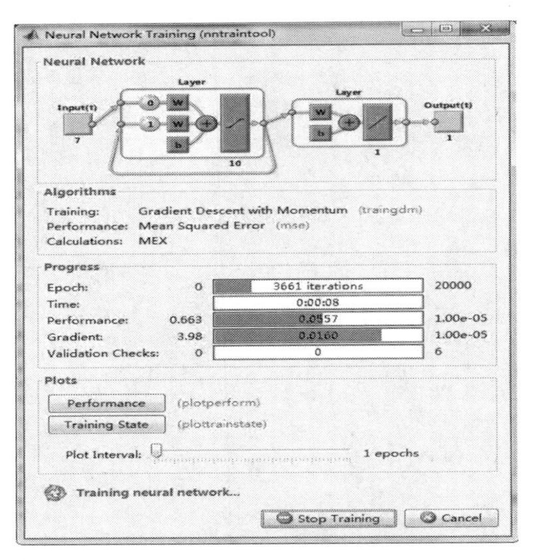

(a) 训练过程

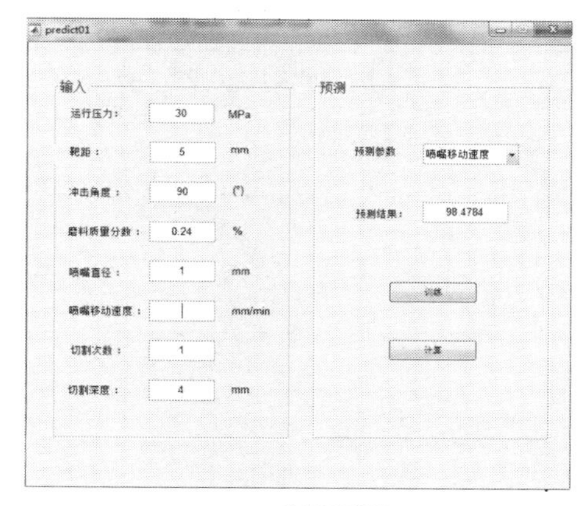

(b)参数预测

图 7.2　模型训练与参数预测过程

7.2　输油管道切割技术指标

油库设施设备包括有数千米至数十千米的输油管道，同时我国还拥有超过 6 万 km 的油气长输管道，由于腐蚀、碰撞等原因，输油管道时常出现损坏，需要进行切割更换。不同规格的输油管道壁厚和直径等参数各不相同。根据前面的实验研究及优化模型，本小节针对 DN50 ~ DN300 的输油管道进行切割操作参数预测，获得了输油管道进行切割作业的操作参数，具体情况如表 7.1 所示。

表 7.1　输油管道射流切割操作参数

管道直径/mm	壁厚/mm	磨料水射流切割参数							切割时间/min
		P /MPa	D /mm	L /mm	V /(mm · min^{-1})	θ /(°)	n	m /%	
DN50	2.5	30	1	5	185.3	90	1	0.24	1.69
DN70	3	30	1	5	167.8	90	1	0.24	2.62
DN80	3.5	35	1	5	172.6	90	1	0.24	2.91
DN100	4.5	35	1	5	137.2	90	1	0.24	4.58

续表

管道直径/mm	壁厚/mm	磨料水射流切割参数							切割时间/min
		P /MPa	D /mm	L /mm	V /(mm · min^{-1})	θ /(°)	n	m /%	
DN125	4.5	40	1	5	137.2	90	1	0.24	5.72
DN150	5	40	1	5	176.1	90	1	0.24	5.35
DN200	6	45	1	5	145.2	90	1	0.24	8.65
DN250	7	45	1	5	125.1	90	1	0.24	12.55
DN300	8	50	1	5	108.4	90	1	0.24	17.38

采用 GM-BP 神经网络模型对常见的输油管道进行切割操作参数的预测，在进行已知管道的应急切割作业时，可直接按照预测参数进行操作，为切割作业节省时间。其中切割时间是指射流应急切割装置沿管道外径环绕一周，完成切割所需要的时间。根据表 7.1 中的参数可知，在完成切割作业中，即使是 DN300 的输油管道，切割时间也不超过 20 min，能够满足实际切割需求，并在安全性和效率方面都有所提升，特别是解决了管道切割时间挤压变形等特殊情况的切割需求，可减少操作流程和人员需求，因此射流切割作业具有更好的效果。

7.3　常用油罐切割技术指标

油库常用油罐主要分为卧式油罐和立式油罐。卧式油罐主要用于加油站等小型储油设施。立式油罐根据油罐容量和放置位置不同，分为地面罐、覆土罐和洞库油罐。不同规格油罐的直径和壁厚各不相同，立式油罐不同高度的壁厚从低到高依次增加。本书主要以油罐下圈层壁厚最大处为切割对象，针对不同类型的油罐进行射流切割参数优化。

油罐在发生事故时有多种不同形式的变形破坏，如吸瘪、翘边等，不同情况下对切割的要求差异很大。本书主要针对应急情况下油罐罐壁开孔作业，预定不同油罐切割方案，实现直接切割参数的预测，可在规定的时间内完成应急切割作业。按照开孔器的设计尺寸，设置切割孔径为540 mm，切割周长为1 696 mm，切割过程为一次性完成。根据神经网络切割预测模型，对卧式油罐和立式油罐的切割操作参数进行预测，得到了油罐开孔射流切割操作参数，如表7.2和表7.3所示。

表7.2　卧式油罐射流切割操作参数

油罐容量 /m^3	罐身直径 /mm	罐壁厚度 /mm	磨料水射流切割参数							开孔时间/min
			P /MPa	D /mm	L /mm	V /(mm · min^{-1})	θ /(°)	n	m /%	
10	2 100	4	30	1	5	145.7	90	1	0.24	10.4
15	2 100	4	30	1	5	163.5	90	1	0.24	8.6
20	2 540	5	35	1	5	149.3	90	1	0.24	11.1
25	2 540	5	40	1	5	113.6	90	1	0.24	9.0
35	2 540	5	40	1	5	156.1	90	1	0.24	9.0
50	2 540	6	45	1	5	145.2	90	1	0.24	10.4
80	2 540	6	45	1	5	145.2	90	1	0.24	10.4

表7.3　立式油罐射流切割操作参数

油罐容量 /m^3	油罐内径 /mm	罐壁厚度 /mm	磨料水射流切割参数							开孔时间/min
			P /MPa	D /mm	L /mm	V /(mm · min^{-1})	θ /(°)	n	m /%	
100	5 172	4	30	1	5	145.7	90	1	0.24	10.4
200	6 620	4	30	1	5	145.7	90	1	0.24	10.4
300	7 750	4	30	1	5	163.5	90	1	0.24	9.5
400	8 828	4	30	1	5	163.5	90	1	0.24	9.5
500	8 983	4.5	35	1	5	137.2	90	1	0.24	10

续表

油罐容量/m^3	油罐内径/mm	罐壁厚度/mm	磨料水射流切割参数							开孔时间/min
			P/MPa	D/mm	L/mm	V/(mm·min^{-1})	θ/(°)	n	m/%	
700	10 263	4.5	35	1	5	137.2	90	1	0.24	10
1 000	11 580	5	40	1	5	176.1	90	1	0.24	9
2 000	15 781	5	40	1	5	176.1	90	1	0.24	9
3 000	18 992	6	45	1	5	145.2	90	1	0.24	10.5
5 000	23 700	6	45	1	5	145.2	90	1	0.24	10.5
10 000	31 282	7	45	1	5	125.1	90	1	0.24	11

从表7.2和表7.3可以看出，不同大小的油罐根据不同的壁厚，采用不同的压力进行切割，一次切割时间随着切割过程中喷嘴移动速度的变化而改变，切割时间基本控制在11 min以内。现有的油罐开孔装置不能在油气条件下进行切割，前期准备时间远远超过射流切割。射流切割在必要时可提高工作压力、加快切割速度、减少切割时间，为安全事故的处置节省时间。

7.4 储油洞库切割技术指标

储油洞库由于具有良好的防护性和隐蔽性，在确保我国能源安全方面具有重要地位。由于长期处于和平时期，洞库的生存能力和抢修能力一直研究较少。洞库的位置、结构设计、建造材料和管理模式都对洞库抢修能力影响较大。相比地面油罐的切割破拆，储油洞库地处山区，地形较为复杂，一旦发生事故，往往需要重型抢修机械，然而这些机械往往没有防爆的能力，只适用于普通环境下的应急抢修救援，在储存有大量油料或弹药的洞库难以确保安全。

洞库垮塌后，抢修救援作业需要打通救援通道和物资通道，面临的主要困难是大小不同的岩石或垮塌的混凝土障碍物，需要首先进行破碎然后清运。现有的无火花工具由于成本及应用范围受限，常用产品还集中于扳手、安全斧等小型工具，面对洞库垮塌等大型抢修现场难以发挥有效作用。

为优化模型计算过程，假设大小不同的切割对象为不同厚度的混凝土砌块，将切割深度作为预测参数。本书根据对混凝土进行切割的实验数据，分析了射流装置在储油洞库垮塌后抢修的切割技术指标，预测了射流操作参数。具体情况如表 7.4 所示。

表 7.4　储油洞库射流切割操作参数

混凝土强度等级	磨料水射流切割参数							切割深度 /mm
	P /MPa	D /mm	L /mm	V /(mm·min^{-1})	θ /(°)	n	m /%	
C15	30	1	3	50	90	1	0.24	60
C20	30	1	3	50	90	1	0.24	54
C25	35	1	3	50	90	1	0.24	58
C30	35	1	3	50	90	1	0.24	68
C35	40	1	3	50	90	1	0.24	54
C40	40	1	3	50	90	1	0.24	48
C45	45	1	3	50	90	1	0.24	48
C50	45	1	3	50	90	1	0.24	62

从表 7.4 中可以看出，采用神经网络模型对混凝土切割进行参数预测，获取了不同等级混凝土的操作参数，为实际应急切割提供了参考。除了切割固定厚度的混凝土，还可推导出切割类似的块状岩石等对象的切割参数，此处不再赘述。相比其他切割手段，射流切割更加具有无差异性，在实际抢修过程中也可节省更换工具的时间，提高了应急切割装置的可替代性，能够在洞库抢修作业发挥更好的效果。

油料洞库的结构大多采用钢筋混凝土结构，发生垮塌事故后，需要进行破拆的混凝土往往夹杂着钢筋等其他材料，更加凸显了射流切割适应性强的优点,有效减少了应急切割的时间。而且在洞库遭敌打击时,洞库防护门可能会发生变形甚至无法开启,这时也可用射流切割的方式进行抢修。

7.5 磨料水射流应急切割效能评估

7.5.1 效能评估方法

效能评估流程主要包括评估方法设计、评估指标体系建立、评估计算和结果分析等主要内容,其中评估方法和评估指标是效能评估的关键,具体如图 7.3 所示。

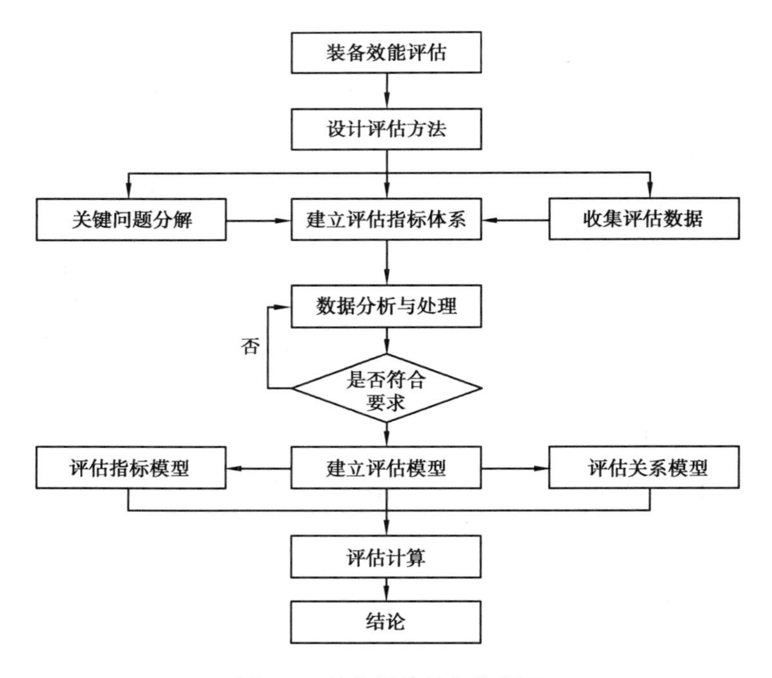

图 7.3 效能评估基本流程图

通过 AHP 方法确定效能评估指标的层级与数量,运用 FCE 方法将定性评价转化为定量评价,运用隶属度理论来对多个层级和大量指标进行总体计算,参考文献资料,将评估方法的名称界定为“基于 FCE-改进 AHP 的效能评估方法”,简称改进 AHP 法。

7.5.2　基于 FCE-改进 AHP 的效能评估方法

为了改进在油气环境下的应急抢修装置评价体系,本书综合运用模糊数学的计算方法对层次分析法进行优化,提出基于 FCE-改进 AHP 解析法的油气危险环境下应急抢修效能评估模型。分析油气环境下不同类型切割装置的特点与区别,通过层次分析法建立应急抢修效能评估指标体系,并在此基础上应用模糊数学方法对效能进行定性与定量分析,探讨不同技术原理的效能评估的解决途径,为相似问题提供思路与参考。

(1)**建立评价模型**

射流切割装置的效能评估需要分析不同的影响因素,基于模糊数学理论,建立效能的综合评价模型,综合量化各类不同因素,对其综合性能进行科学颗粒的评判,为装置论证工作奠定基础。

为了解决多因素制约的总体评价问题,运用模糊数学的方法将定性问题转化为定量问题,即运用隶属度函数进行数据处理,避免评价过程的不确定性,从而得到一个总体评价结果。

第一,建立评价对象的因子集合。磨料水射流切割效能是非常不确定的概念,通过模糊的评判标准来建立“装置效能”等级的因子集,因子集是由影响变量值的各种因子组成,有效体现了不同影响要素的必要性。设因子集 U 包含了 n 个因子。其数学表达式为:

$$U=\{u_1 \quad u_2 \quad u_3 \quad \cdots \quad u_n\} \tag{7.1}$$

式中,$u_i(i=1,2,3,\cdots,n)$代表了不同因子。

磨料水射流应急切割装置效能是由不同类型的影响因子所确定的,主要包括安全性、可靠性、保障性等不同类型的评估指标,主要通过层次分析法确定。

由这些因子构成装置效能的评估体系,建立评估指标因子集合。

第二,确定评判集合。通过将各种评价因子分为不同的评判标准,即按照装置效能满足需求能力的不同程度来确定评估等级,并制定对应的评分。将评价因子按照不同等级划分得到的集合,即为评判集合。它是由评价专家根据专业和经验所进行的评价,其结果代表了专家们对该型装置的认识,将评判集合设为 V,其数学表达式为:

$$V=\{v_1 \quad v_2 \quad v_3 \quad \cdots \quad v_m\} \tag{7.2}$$

式中,v_j 为评判的第 i 等级,m 为评价等级的总数。

针对磨料水射流应急切割装置的评价等级,本书按照“优秀”“良好”“合格”“较差”“很差”五个等级来进行划分,按照1—9级的评分标准,影响因子评分标准如表7.5所示。

表7.5 装置效能影响因子评分标准

序　号	装置效能满足需求能力	评估等级	评分/分
1	完全满足应用需求	优秀	9
2	较好地满足应用要求	良好	7
3	基本满足应用要求	合格	5
4	满足需求存在一定困难	较差	3
5	无法满足需求	很差	1

第三,进行单因子评判。将单个因子从因子集 U 中提取出来,分别针对评估等级进行综合的隶属度计算,获取不同因子对于评分标准的评判集,即第 i 个因子 u_i 的评判集的数学表达式为:

$$V_i=\{v_{i1} \quad v_{i2} \quad v_{i3} \quad \cdots \quad v_{im}\} \tag{7.3}$$

V_{ij} 表示第 i 个因子 u_i 对于评估等级 v_j 的隶属度,可以建立两者之间的函数关系 f,其数学表达式为:

$$f(u)=(r_{11},r_{12},r_{13},\cdots,r_{1n}) \tag{7.4}$$

$$f:F(U)\longleftarrow U \tag{7.5}$$

最终可以获得从模糊因子集合 U 到评判集合 V 的模糊数学关系 R,建立矩阵关系:

$$\boldsymbol{R}=\begin{pmatrix} r_{11} & r_{12} & \cdots & r_{1m} \\ r_{21} & r_{22} & \cdots & r_{2m} \\ \vdots & \vdots & & \vdots \\ r_{s1} & r_{s2} & \cdots & r_{sm} \end{pmatrix} \tag{7.6}$$

式(7.6)中,将各个影响因子与评分标准之间的模糊关系进行量化,建立模糊关系矩阵 $\boldsymbol{R}$,是进行总体评估的一个关键信息量。

(2)**确定评价指标权重**

由于各个影响因子对总体的影响程度各不相同,因此不能按照同一条件直接进行叠加运算,需根据实际赋予其不同的权值,各指标的权值构成了权重集合 W。其数学表达式为:

$$W(u)=(w_1,w_2,w_3,\cdots,w_n)\quad(0\leqslant w_n\leqslant 1) \tag{7.7}$$

式中,w_n 作为评估指标的前置系数,将根据大小程度决定指标的评估效果。其结果应当为不小于0的正值,同时需要满足归一化条件:

$$\sum_{p=1}^{n} w_{\mathrm{p}}=1\quad(0\leqslant w_{\mathrm{p}}\leqslant 1) \tag{7.8}$$

评价指标权重的确定是效能评估中非常重要的内容,代表不同指标重要程度的权重集合 W 直接影响了最终评估结果。

(3)**构建模糊集合隶属度函数**

隶属度函数是对实际问题的模糊集定量数据进行模糊处理的关键。根据模糊综合评价法,将定量的描述数据转换为模糊集的成员,在模糊集合中选择适用于该数学问题的数学理论,构造相应的隶属度函数,通过计算得到不同评价等级的隶属度,获取最后的评估结果。下面是模糊集合的隶属度函数:

$$S_{ij}(f(x,y))=\begin{cases}0,(f(x,y)\leqslant A)\\ \dfrac{x-A}{B-A},(A\leqslant f(x,y)\leqslant B)\\ 1,(B\leqslant f(x,y)\leqslant C)\\ \dfrac{D-x}{D-C},(C\leqslant f(x,y)\leqslant D)\\ 1,(D\leqslant f(x,y))\end{cases} \tag{7.9}$$

常见的模糊数学隶属度函数包括了正态分布、三角函数分布、线性分布等多种不同类型,从特点上分为离散型和连续型等函数形式,侧重点各有差异,取决于模糊条件的性质。基于能力的装置效能评估更加注重总体性能,对评估过程的精确性和客观性要求更高,因此选择了既能满足精度要求又方便明了的线性分布。

(4)开展模糊综合评估

综合运用模糊数学关系 R 和权重集合 W,根据模糊数学关系,可以建立一个综合评判结果集合 B,建立一个模糊评判数学模型(R,W,B),分别通过转化计算可以获取三者间的数学关系:

$$\boldsymbol{B}=\boldsymbol{W}\cdot\boldsymbol{R}=(w_1,w_2,w_3,\cdots,w_n)\cdot\begin{pmatrix}r_{11} & r_{12} & \cdots & r_{1m}\\ r_{21} & r_{22} & \cdots & r_{2m}\\ \vdots & \vdots & & \vdots\\ r_{s1} & r_{s2} & \cdots & r_{sm}\end{pmatrix}=(b_1,b_2,b_3,\cdots,b_n) \tag{7.10}$$

式中,矩阵 $\boldsymbol{B}$ 为评判结果集合,b_j 代表了第 j 指标的评估结果。

(5)评估结果分析

根据前面获取的计算结果,对“优秀”“良好”“合格”“较差”“很差”所对应的隶属度分别进行对比,按照最大隶属度原则,将隶属度最大的评估等级作为装置效能的初步评判结果;然后计算其他几种评估等级的隶属度之和,与隶属度最大的评估等级进行对比,综合认定装置效能的最终评估结果。

7.5.3　磨料水射流应急切割装置效能评估指标体系

AHP 法能将复杂系统的评估决策难题通过指标量化,将其转换为不同要素之间的比较与计算,所以本书选用改进 AHP 法对应急切割装置进行定量分析,建立评估指标体系。为了科学量化复杂的装置效能评估问题,应当全面、科学、合理地构建评估指标体系,这是开展磨料水射流应急切割装置效能评估的前提和关键,对整个效能评估具有提纲挈领的作用。

磨料水射流应急切割装置效能评估指标体系的构建流程如图 7.4 所示。

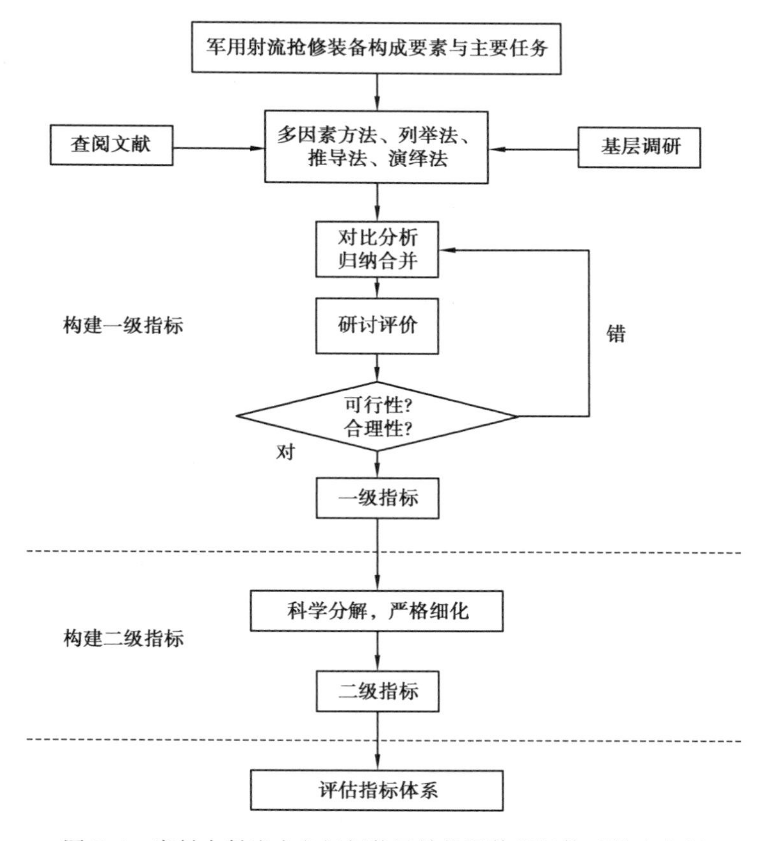

图 7.4　磨料水射流应急切割装置效能评估指标体系构建流程

针对油气环境下的抢修工作困境，通过磨料水射流应急切割装置来保证应急处置过程的安全是实现应急抢修任务的关键。磨料水射流应急切割装置效能评估是对射流技术运用于油气环境下切割装置的一种可行性评估，需要有针对性地进行评估指标的设置，而不是直接运用已有的评估指标，特别强调了安全性在指标体系中的重要作用。

根据射流技术特点与应用背景，结合装置效能评估指标体系构建原则与过程，通过 AHP 法进行分级，建立两层评估指标体系，包括目标层和准则层两类评估指标，评估指标体系如图 7.5 所示。

目标层评估指标主要包括安全性指标、抢修能力指标、可靠性指标、维修性指标、环境适应性指标和保障性指标等六个目标层指标，每个目标层指标对应三至四个准则层指标。准则层指标包括防爆能力、防火能力、环境安全能力、切割能力、破拆能力等 19 个指标。

7.5.4 磨料水射流应急切割装置效能评估

磨料水射流应急切割装置效能评估是对射流技术能否用于抢修领域的关键评判，也是切割装置在今后发展方向的重要依据，通过对装置效能评估指标体系和流程的研究，明确了适用于切割装置的效能评估方法。

以油库应急抢修为背景，运用装置效能评估指标体系，对磨料水射流应急切割装置、动火切割装置和工程机械装置三种应急切割装置进行效能评估。选取这三种设备进行对比时，主要是从以下两方面进行考虑的。一是目前的应急切割装置是以常规切割装置为主，其中又以机械切割装置为主，在普通环境下的应急抢修方面发挥了关键作用，而爆炸危险环境下的应急切割装置还没有大量使用。二是不同切割装置的技术性能各有特点，工程机械主要是对混凝土、岩石等目标进行冲击、剪切作业；便携式抢修设备是运用电锯、电钻对钢筋、管道等金属目标进行切割作业，过程中会出现大量的火花，属于动火作业；射流切割是运用水流切割以及附带磨料的冲击进行作业。

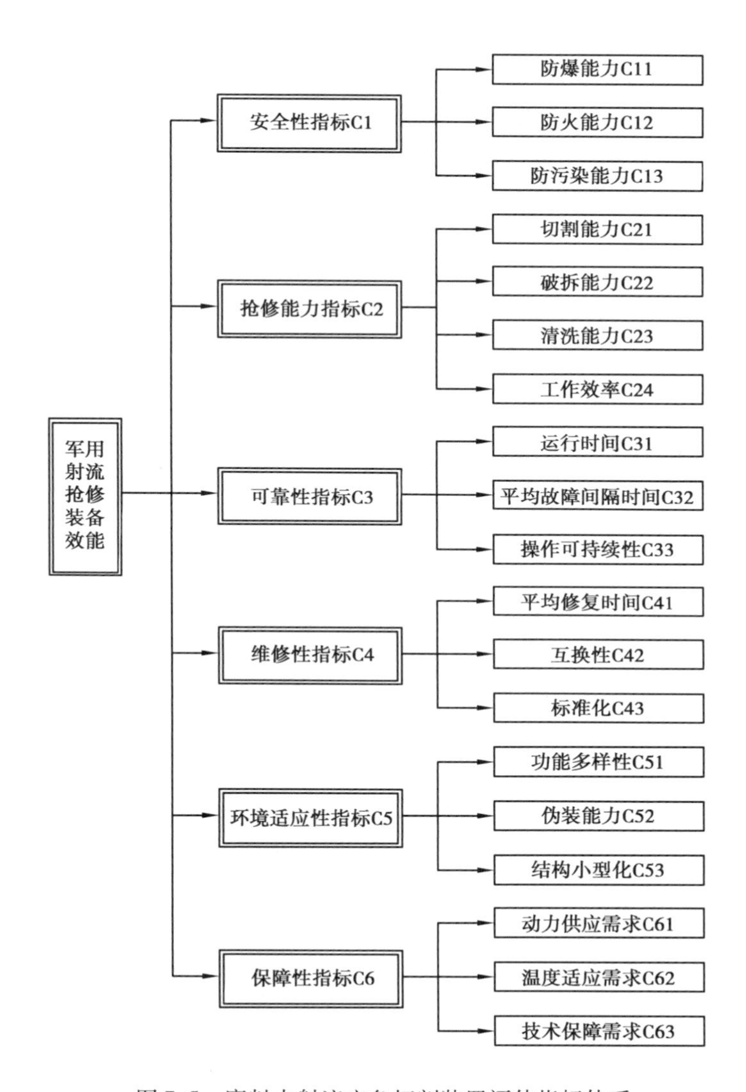

图 7.5　磨料水射流应急切割装置评估指标体系

(1)评估指标定量化

根据磨料水射流应急切割装置效能评估指标体系的建立原则,统一量化效能评估指标,制订科学客观的量化标准,是保证效能评估顺利完成的前提。根据专家意见、行业标准和问卷调查等方式,采用改进 AHP 法对定性指标进行量化。

以五级评分法为蓝本,将专家评分结果作为评判标准,明确了磨料水射流应急切割装置效能评估量化标准,具体情况如表7.6所示。

表7.6 磨料水射流应急切割装置效能评估量化标准

一级指标	二级指标	很差(1)	较差(3)	合格(5)	良好(7)	优秀(9)
安全性指标C1	防爆能力C11	不具备防爆能力	防爆能力差,容易造成爆炸事故	采取措施具有一定防爆能力	防爆能力较强	本质安全性
	防火能力C12	无法避免火灾发生	容易造成火灾	具有一定防火能力	能有效防止火灾发生	不具备着火三要素的形成条件
	防污染能力C13	对周围环境严重污染	对周围环境造成污染	容易造成对周围环境的影响	对周围环境影响低	不影响周围环境
抢修能力指标C2	切割能力C21	不能完成切割作业	只能切割单一材料	只能切割部分材料	能够对大部分材料进行切割	能够有效切割各种材料
	破拆能力C22	难以完成破拆工作	只能破拆单一材料	只能破拆部分材料	能够对大部分材料进行破拆	能够有效破拆各种材料
	清洗能力C23	难以完成清洗工作	只能清洗单一材料	只能清洗部分材料	能够对大部分材料进行清洗	能够有效清洗各种材料
	工作效率C24	工作效率很低	工作效率低	工作效率一般	工作效率高	工作效率很高

续表

一级指标	二级指标	很差(1)	较差(3)	合格(5)	良好(7)	优秀(9)
可靠性指标C3	运行时间C31	持续运行时间≤20 h	20 h<持续运行时间≤40 h	40 h<持续运行时间≤80 h	80 h<持续运行时间≤120 h	持续运行时间>120 h
	平均故障间隔时间C32	平均故障间隔时间≤5 h	5 h<平均故障间隔时间≤10 h	10 h<平均故障间隔时间≤15 h	15 h<平均故障间隔时间≤20 h	平均故障间隔时间>20 h
	操作可持续性C33	单人连续操作时间≤0.5 h	0.5 h<单人连续操作时间≤1 h	1 h<单人连续操作时间≤1.5 h	1.5 h<单人连续操作时间≤2 h	单人连续操作时间>2 h
维修性指标C4	平均修复时间C41	平均修复时间>4 h	3 h<平均修复时间≤4 h	2 h<平均修复时间≤3 h	1 h<平均修复时间≤2 h	平均修复时间≤1 h
	互换性C42	互换性很差	互换性差	互换性一般	互换性好	互换性很好
	标准化C43	非标准配件	大部分为非标准配件	部分为非标准配件	个别为非标准配件	配件标准化
环境适应性指标C5	功能多样性C51	只具备单一功能	具备两种以上功能	具备一定功能多样性	具备多种功能	功能多样性强
	伪装能力C52	目标明显，不具备伪装能力	适应性差，伪装能力差	具有一定适应性，能够实现一般情况的伪装	适应性好，伪装能力强	适应性很好，伪装能力很强
	结构小型化C53	装置结构大，移动能力差	装置结构较大，移动能力较差	装置结构一般，具有一定的移动能力	装置结构较小，移动能力较强	装置结构小，移动能力好

续表

一级指标	二级指标	很差(1)	较差(3)	合格(5)	良好(7)	优秀(9)
保障性指标C6	动力供应需求C61	动力需求很大,装置保障性能很差	动力需求大,装置保障性能差	动力需求一般,装置保障性能一般	动力需求较小,装置保障性能较好	动力需求很小,装置保障性能好
	技术保障需求C62	技术复杂,保障要求高	技术较复杂,保障要求较高	技术成熟度一般,保障要求一般	技术成熟度较高,保障要求较低	技术成熟度高,保障要求低
	其他保障需求C63	物资供应、人员培训等难度很大	物资供应、人员培训等难度较大	物资供应、人员培训等难度一般	物资供应、人员培训等难度较小	物资供应、人员培训等难度小

(2)**评估结构模型**

根据指标量化过程,影响油气环境下应急抢修能力的一级评估指标有六个,分别是安全性指标C1、抢修能力指标C2、可靠性指标C3、维修性指标C4、环境适应性指标C5、保障性指标C6,按照层次分析法,评估模型的结构如图7.6所示。

(3)**评估指标权重计算**

直接确定不同评估指标的权重是非常困难的,因此层次分析法通过专家对每级指标中的不同因素之间的相对重要性来给出判断,然后将不同的判断用数据来表示出来,列为矩阵,构造成为判断矩阵。通过判断矩阵求解相应的特征向量,经过一致性检验后,特征向量也称为权重系数,作为评估指标权重的计算依据。

根据层次分析法进行评估,通过实验模拟、咨询专家、资料查询等方式,对一级指标和二级指标进行对比研究,建立判断矩阵,以此来求解评估指标的权重,具体计算过程如下。一级指标的判断矩阵如表7.7所示。

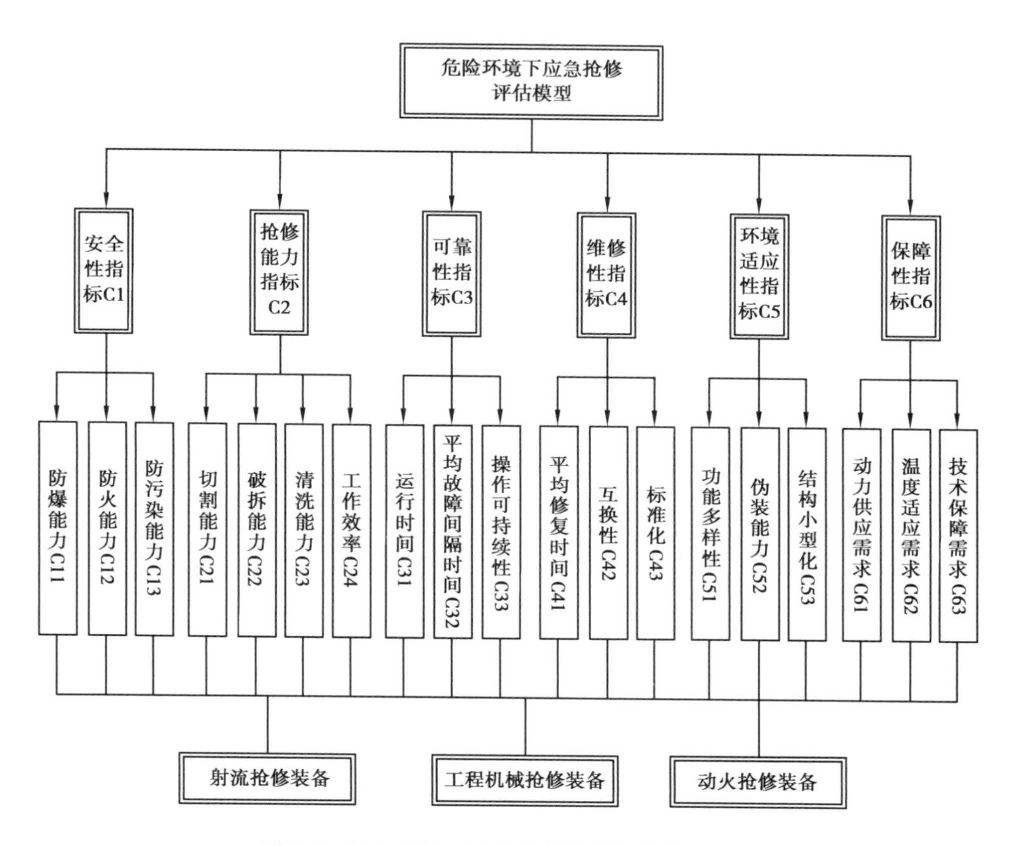

图 7.6　油气环境下应急抢修能力评估模型结构

表 7.7　一级指标 C 判断矩阵

一级评估指标	安全性指标 C1	抢修能力指标 C2	可靠性指标 C3	维修性指标 C4	环境适应性指标 C5	保障性指标 C6
安全性指标 C1	1	3	3	5	7	7
抢修能力指标 C2	1/3	1	4	3	2	2
可靠性指标 C3	1/3	1/4	1	1	2	1
维修性指标 C4	1/5	1/3	1	1	3	1
环境适应性指标 C5	1/7	1/2	0.5	1/3	1	2
保障性指标 C6	1/7	1/2	1	1	1/2	1

对各列数据进行归一化处理，$\overline{x_{ij}} = x_{ij} / \sum_{i=1}^{n} x_{ij}(i,j = 1,2,\cdots,n)$，得到归一化后的数据如表7.8所示。

表7.8　归一化判断矩阵数据表

效　能	安全性指标C1	抢修能力指标C2	可靠性指标C3	维修性指标C4	环境适应性指标C5	保障性指标C6	指标求和	平均权重
安全性指标C1	0.333 3	0.436 4	0.210 5	0.387 1	0.320 0	0.222 2	1.909 5	0.318 3
抢修能力指标C2	0.166 7	0.218 2	0.421 1	0.290 3	0.160 0	0.222 2	1.478 4	0.246 4
可靠性指标C3	0.166 7	0.054 5	0.105 3	0.096 8	0.160 0	0.111 1	0.694 4	0.115 7
维修性指标C4	0.083 3	0.072 7	0.105 3	0.096 8	0.240 0	0.111 1	0.709 2	0.118 2
环境适应性指标C5	0.083 3	0.109 1	0.052 6	0.032 3	0.080 0	0.222 2	0.579 5	0.096 6
保障性指标C6	0.166 7	0.109 1	0.105 3	0.096 8	0.040 0	0.111 1	0.628 9	0.104 8

然后进行归一化处理，得到平均权重 $w=[0.318\ 3\quad 0.246\ 4\quad 0.115\ 7\quad 0.118\ 2\quad 0.096\ 6\quad 0.104\ 8]$，根据计算公式，求得最大特征值 λ 为5.801 4。然后进行一致性检验，计算得到一致性指标CI为0.060 3，对应的平均随机一致性指标RI为1.26，从而得到一致性比例为 $CI/RI=0.047\ 9<0.1$，符合一致性检验的要求，判断矩阵的可行性得到验证。

下面，同样对二级指标进行权重的计算，计算过程与一级指标类似，二级指标的判断矩阵如表7.9所示。

表7.9 二级指标判断矩阵

安全性指标	防爆能力C11	防火能力C12	环境安全能力C13	*CI/RI*	最大特征值	最大特征向量	
防爆能力C11	1	3	5			0.928 1	
防火能力C12	1/3	1	2	0.037	3.003 7	0.328 7	
环境安全能力C13	1/5	1/2	1			0.174 7	
抢修能力指标	切割特性C21	破拆特性C22	清洗特性C23	工作效率C24	*CI/RI*	最大特征值	最大特征向量
切割能力C21	1	2	5	1			0.671 4
破拆能力C22	1/2	1	3	1/2	0.005 8	4.015 5	0.352 7
清洗能力C23	1/5	1/3	1	1/4			0.136 4
工作效率C24	1	2	4	1			0.637 4
可靠性指标	运行时间C31	平均故障间隔时间C32	操作可持续性C33	*CI/RI*	最大特征值	最大特征向量	
运行时间C31	1	1	5			0.723 9	
平均故障间隔时间C32	1	1	4	0.005 3	3.005 5	0.672	
操作可持续性C33	1/5	1/4	1			0.156	
维修性指标	平均修复时间C41	互换性C42	标准化C43	*CI/RI*	最大特征值	最大特征向量	
平均修复时间C41	1	3	1			0.688 3	
互换性C42	1/3	1	1/3	0.003 8	2.999 6	0.229 3	
标准化C43	1	3	1			0.688 3	
环境适应性指标	功能多样性C51	伪装能力C52	结构小型化C53	*CI/RI*	最大特征值	最大特征向量	
功能多样性C51	1	4	1/2			0.525 7	
伪装能力C52	1/4	1	1/4	0.051 5	3.053 6	0.165 6	

续表

安全性指标	防爆能力 C11	防火能力 C12	环境安全能力 C13	*CI/RI*	最大特征值	最大特征向量	
结构小型化 C53	2	4	1			0.834 4	
保障性指标	动力供应需求 C61	技术保障需求 C62	其他保障需求 C63	*CI/RI*	最大特征值	最大特征向量	
动力供应需求 C61	1	1	3	0.006 7	2.999 3	0.688 3	
技术保障需求 C62	1	1	3			0.688 3	
其他保障需求 C63	0.333	0.333	1			0.229 3	

根据上述判断矩阵,获取基于 FCE-改进 AHP 法的权重向量。计算得到了磨料水射流应急切割装置的评估指标体系中一级指标和二级指标的 AHP 权重,如表 7.10 所示。

表 7.10　基于 FCE-改进 AHP 法的权重系数表

一级指标	二级指标	特征向量	AHP 二级权重	AHP 一级权重
安全性指标 C1	防爆能力 C11	0.928 1	0.206 4	0.318 3
	防火能力 C12	0.328 7	0.073 1	
	环境安全能力 C13	0.174 7	0.038 8	
抢修能力指标 C2	切割能力 C21	0.671 4	0.092 0	0.246 4
	破拆能力 C22	0.352 7	0.048 3	
	清洗能力 C23	0.136 4	0.018 7	
	工作效率 C24	0.637 4	0.087 4	
可靠性指标 C3	运行时间 C31	0.723 9	0.054 0	0.115 7
	平均故障间隔时间 C32	0.672	0.050 1	
	操作可持续性 C33	0.156	0.011 6	
维修性指标 C4	平均修复时间 C41	0.688 3	0.050 7	0.118 2
	互换性 C42	0.229 3	0.016 9	
	标准化 C43	0.688 3	0.050 7	

续表

一级指标	二级指标	特征向量	AHP 二级权重	AHP 一级权重
环境适应性指标 C5	功能多样性 C51	0.525 7	0.033 3	0.096 6
	伪装能力 C52	0.165 6	0.010 5	
	结构小型化 C53	0.834 4	0.052 8	
保障性指标 C6	动力供应需求 C61	0.688 3	0.044 9	0.104 8
	技术保障需求 C62	0.688 3	0.044 9	
	其他保障需求 C63	0.229 3	0.015 0	

AHP 权重具有定性与定量相结合的特点，能够系统化、层次化地进行评估分析，减少因个人经验等带来的局限，但是在进行实际评估时，使用的结论往往需要对整体性进行评价，而在这时评估指标的权重就非常重要，整体的结论需要依靠专家的专业技术和经验来获取，这就需要采用专家咨询和调研分析等方式来进行装置效能评估。

(4)评估数据获取及处理

根据评估指标评分标准，邀请十名专家对三种切割装置进行打分，具体的打分情况如表 7.11—表 7.13 所示。

表 7.11　射流切割装置专家评分表

定性指标	很差(1)	较差(3)	合格(5)	良好(7)	优秀(9)	总分值
防爆能力 C11	—	—	1	3	6	80
防火能力 C12	—	—	—	2	8	86
环境安全能力 C13	—	—	1	3	6	80
切割能力 C21	—	—	5	3	2	64
破拆能力 C22	—	—	5	3	2	64
清洗能力 C23	—	—	1	4	5	78
工作效率 C24	—	2	4	3	1	56
运行时间 C31	—	—	5	5	—	60

续表

定性指标	很差(1)	较差(3)	合格(5)	良好(7)	优秀(9)	总分值
平均故障间隔时间 C32	—	—	—	7	3	76
操作可持续性 C33	—	2	3	3	2	60
平均修复时间 C41	1	3	3	1	2	50
互换性 C42	—	1	5	3	1	58
标准化 C43	—	3	4	2	1	52
功能多样性 C51	—	1	1	3	5	74
伪装能力 C52	—	1	3	2	4	68
结构小型化 C53	—	—	—	4	6	82
动力供应需求 C61	—	3	4	3	—	50
技术保障需求 C62	—	3	4	3	—	50
其他保障需求 C63	—	1	5	4	—	56

注:表中数据代表为该标准打分的专家人数。

表 7.12　机械切割装置专家评分表

定性指标	很差(1)	较差(3)	合格(5)	良好(7)	优秀(9)	总分值
防爆能力 C11	2	4	4	—	—	34
防火能力 C12	4	3	3	—	—	28
环境安全能力 C13	3	4	2	1	—	32
切割能力 C21	—	—	2	4	4	82
破拆能力 C22	—	—	2	3	5	76
清洗能力 C23	8	1	1	—	—	16
工作效率 C24	—	1	4	2	3	64
运行时间 C31	—	1	5	3	1	58
平均故障间隔时间 C32	—	—	2	4	4	82
操作可持续性 C33	—	1	2	5	2	66
平均修复时间 C41	—	—	5	3	2	64

续表

定性指标	很差(1)	较差(3)	合格(5)	良好(7)	优秀(9)	总分值
互换性 C42	—	—	5	4	1	62
标准化 C43	—	—	5	3	2	64
功能多样性 C51	2	4	2	2	—	38
伪装能力 C52	4	3	1	2	—	32
结构小型化 C53	—	3	4	3	—	50
动力供应需求 C61	—	1	4	4	1	60
技术保障需求 C62	—	—	3	2	5	74
其他保障需求 C63	—	1	1	3	5	74

表 7.13　动火切割装置专家评分表

定性指标	很差(1)	较差(3)	合格(5)	良好(7)	优秀(9)	总分值
防爆能力 C11	8	1	1	—	—	16
防火能力 C12	7	2	1	—	—	18
环境安全能力 C13	5	2	2	1	—	28
切割能力 C21	—	—	5	5	—	60
破拆能力 C22	—	6	3	—	1	42
清洗能力 C23	8	1	1	—	—	16
工作效率 C24	—	2	3	3	2	60
运行时间 C31	2	2	3	3	—	44
平均故障间隔时间 C32	—	1	3	5	1	62
操作可持续性 C33	—	1	5	3	1	58
平均修复时间 C41	—	—	2	6	2	70
互换性 C42	—	—	6	3	1	60
标准化 C43	1	—	4	3	2	60
功能多样性 C51	—	7	1	2	—	40
伪装能力 C52	5	2	1	2	—	30

续表

定性指标	很差(1)	较差(3)	合格(5)	良好(7)	优秀(9)	总分值
结构小型化 C53	—	3	2	5	—	54
动力供应需求 C61	—	2	4	4	—	54
技术保障需求 C62	—	—	5	1	4	68
其他保障需求 C63	1	—	4	5	—	56

①定性指标。由于专家隶属于科研院所和油库一线等不同单位,对于装置能力的评分侧重点不同,部分专家更重视理论上的要求,有些专家更关注实际操作层面的内容。评分也从不同侧面反映了当前油气环境下应急切割装置中的焦点问题,根据评估方法要求统计了专家的评分结果。

②定量指标。三种切割装置的定量指标包括切割特性、运行时间和平均故障间隔时间。切割特性主要通过切割深度来表征,根据不同切割装置的技术特点,射流切割装置的最大切割深度一般为 150 mm,机械切割的切割深度是可以达到200 mm,动火切割装置切割深度一般是80 mm。运行时间和平均故障间隔时间的定量指标可以通过文献得到,三种切割装置定量指标评分如表 7.14 所示。

表 7.14　三种切割装置定量指标评分表

定量指标	射流切割	机械切割	动火切割	规范化指标		
切割特性 C21	60	70	50	0.857	1	0.714
运行时间 C31	50	60	30	0.833	1	0.5
平均故障间隔时间 C32	40	50	20	0.8	1	0.4

经过对三种切割装置的对比分析,可将装置效能分为五个等级:优秀、良好、合格、较差、很差。通过专家打分表的统计计算和 AHP 权重,采用模糊数学方法进行综合评价,在突出关键指标的基础上,兼顾其他指标,得到了基于 FCE-

改进 AHP 法的模糊数学关系矩阵 $\boldsymbol{R}$。

a. 模糊数学关系矩阵。射流切割装置的模糊数学关系矩阵：

$\boldsymbol{R}_1=[$0　0　0　0　0　0　0　0　0　0　1　0　0　0　0　0　0　0　0

0　0　0　0　0　0　2　0　0　2　3　1　3　1　1　0　3　3　1

1　0　1　5　5　1　4　5　0　3　3　5　4　1　3　0　4　4　5

3　2　3　3　3　4　3　5　7　3　1　3　2　3　2　4　3　3　4

6　8　6　2　2　5　1　0　3　2　2　1　1　5　4　6　0　0　0

80　86　80　64　64　78　56　60　76　60　50　58　52　74　68　82　50　50　56$]^{\mathrm{T}}$；

机械切割装置的模糊数学关系矩阵：

$\boldsymbol{R}_2=[$2　4　3　0　0　8　0　0　0　0　0　0　0　2　4　0　0　0　0

4　3　4　0　0　1　1　1　0　1　0　0　0　4　3　3　1　0　1

4　3　2　2　2　1　4　5　2　2　5　5　5　2　1　4　4　3　1

0　0　1　4　3　0　2　3　4　5　3　4　3　2　2　3　4　2　3

0　0　0　4　5　0　3　1　4　2　2　1　2　0　0　0　1　5　5

34　28　32　82　76　16　64　58　82　66　64　62　64　38　32　50　60　74　74$]^{\mathrm{T}}$；

动火切割装置的模糊数学关系矩阵：

$\boldsymbol{R}_3=[$8　7　5　0　0　8　0　2　0　0　0　0　1　0　5　0　0　0　1

1　2　2　0　6　1　2　2　1　1　0　0　0　7　2　3　2　0　0

1　1　2　5　3　1　3　3　3　5　2　6　4　1　1　2　4　5　4

0　0　1　5　0　0　3　3　5　3　6　3　3　2　2　5　4　1　5

0　0　0　0　1　0　2　0　1　1　2　1　2　0　0　0　0　4　0

16　18　28　60　42　16　60　44　62　58　70　60　60　40　30　54　54　68　56$]^{\mathrm{T}}$。

b. 不同评价等级的隶属度确定。根据评估指标权重的计算，得到指标权重为：W=[0.206 4　0.073 1　0.038 8　0.092　0.048 3　0.018 7　0.087 4　0.054　0.050 1　0.011 6　0.0507　0.016 9　0.050 7　0.033 3　0.010 5　0.052 8　0.044 9　0.044 9　0.015]。

$$\boldsymbol{B}=\boldsymbol{W}\cdot\boldsymbol{R}=(w_1,w_2,w_3,\cdots,w_n)\cdot\begin{pmatrix}r_{11} & r_{12} & \cdots & r_{1m}\\ r_{21} & r_{22} & \cdots & r_{2m}\\ \vdots & \vdots & & \vdots\\ r_{s1} & r_{s2} & \cdots & r_{sm}\end{pmatrix}$$

经过计算，得到三种装置的评估等级，具体如表7.15所示。

表7.15　不同装置的评估等级

评估等级	很差	较差	合格	良好	优秀	隶属度
B1	0.253 5	0.584 3	1.75	2.005 6	2.997 6	0.637 9
B2	2.056 5	1.852 5	2.201 7	1.024 7	0.904 6	0.461 2
B3	4.062 2	0.942 6	1.382 8	1.253	0.399 4	0.333 9

从表7.15可以得到，在油气环境下进行抢修，三种切割装置的隶属度分别为0.637 9，0.461 2和0.333 9，即射流切割装置的总体评估结果优于其他两类切割装置。机械切割装置和动火切割装置，总体评分达不到及格标准，说明在油气环境下应急抢修作业中，采用这两种装置容易造成二次事故，不能得到专家的认可。射流切割装置的总体评估得分能够达到合格标准，但是还远远达不到优秀的标准。这意味着对于油气环境下的抢修任务而言，专家认为包括射流切割装置在内的现有装置还有很大的差距，需要开展进一步的深入研究。同时表明：现有条件下，射流切割装置更适用于危险场所的应急抢修。

(5)评估结果分析

根据基于FCE-改进AHP法对应急切割装置进行效能评估，从结果可以得知：在油气场所等易燃易爆的危险环境下，磨料水射流应急切割装置能有效满足安全性的要求，是评估等级最高的装置。相比现有的机械切割装置与动火切割装置，射流切割装置在安全性、适应性、智能性等方面具有显著优点。但是射流切割装置由于起步较晚，装置的技术成熟度相对其他两种切割装置还有不小的差距，特别是在大型灾害现场的抢修作业中，能否完成预期的抢修任务，还需要得到工程实践的验证。

机械切割和动火切割是目前效率最高、成本低廉的选择，也多次参加了各类事故应急处理，得到了大量的工程实际应用，但是在油气环境下的应急作业，如青岛石油管道爆炸事故中，引发事故的直接原因就是机械作业中产生的火花引燃油气。因此碰撞火花造成的危险因素是油气环境无法避免的缺陷；刀具磨损引起的可靠性降低，也影响了装置效能评估结果，这是常规抢修手段在油气环境下进行抢修作业的难点，能否通过隔离、降温等方式提高其对油气环境下抢修作业的适应性，降低二次事故的发生概率，需要进一步开展研究。

常规的切割装置所需的时间不能体现应急性的要求，影响了整体抢修任务的完成度，只能用于常规维修的条件下。磨料水射流应急切割装置在普通民用射流装置的基础上，进行了适应性和保障性的改进，提高了磨料水射流切割装置的环境适应能力和可靠性。随着射流技术的发展和智能化的普及，磨料水射流应急切割装置将有效提升其适应性，消除易燃易爆场所的危险因素，通过技术优化与无人化等方式有效提升作业效能，为油气环境下应急抢修提供保障。

附　录

附录 1　BP 神经网络预测算法 MATLAB 程序

```
% Solve an Input-Output Fitting problem with a Neural Network
%使用神经网络解决输入输出问题
% This script assumes these variables are defined:
%   data-input data.       %定义输入变量
%   data-target data.      %定义输出变量
x=In;       %输入参数,根据实验数据进行归一化处理后获取
t=Out;      %输出参数
% Choose a Training Function
% Create a Fitting Network
hiddenLayerSize=10;      %建立拟合网络,隐藏层大小设为 10
% Train the Network;      %训练神经网络
[net,tr]=train(net,x,t);      %从输入输出拟合网络
% Test the Network;      %测试网络
y=net(x);      %建立函数关系
e=gsubtract(t,y);      %递减函数
performance=perform(net,t,y)      %
% Recalculate Training, Validation and Test Performance
```

```
%重新计算培训,验证和测试性能百分比
trainTargets=t .* tr.trainMask{1};
valTargets=t .* tr.valMask{1};
testTargets=t .* tr.testMask{1};
trainPerformance=perform(net,trainTargets,y)
valPerformance=perform(net,valTargets,y)
testPerformance=perform(net,testTargets,y)
% View the Network      %查看网络
view(net)
% Plots
% Uncomment these lines to enable various plots.      %取消注释,启用各种绘图
%figure, plotperform(tr)      %绘制网络示意图
%figure, plottrainstate(tr)      %绘制网络训练流程图
%figure, ploterrhist(e)      %绘制训练误差图
%figure, plotregression(t,y)      %绘制回归曲线
%figure, plotfit(net,x,t)      %绘制网络适应曲线
% Deployment
% Change the (false) values to (true) to enable the following code blocks.
%将错误值更改,启用以下代码块。
% See the help for each generation function for more information.
if (false)
% Generate MATLAB function for neural network for application
%生成用于神经网络的 MATLAB 函数
% deployment in MATLAB scripts or with MATLAB Compiler and Builder
%在 MATLAB 脚本中进行编译和生成
```

```
% tools, or simply to examine the calculations your trained neural
%检查训练后的神经网络计算
% network performs.
genFunction(net,'myNeuralNetworkFunction');       %功能函数
y=myNeuralNetworkFunction(x);       %定义神经网络功能函数
end
if (false)
% Generate a matrix-only MATLAB function for neural network code
%为神经网络代码生成矩阵的 MATLAB 函数
% generation with MATLAB Coder tools.       %调用 MATLAB 代码工具箱
genFunction(net,'myNeuralNetworkFunction','MatrixOnly','yes');
y=myNeuralNetworkFunction(x);
Ori_data0=importdata('预测数据.xlsx');       %导入数据
PN=sim(net,Ori_data0);       %存放网络节点数据
end
if (false)
% Generate a Simulink diagram for simulation or deployment with.
%生成仿真图进行处理
% Simulink Coder tools.
gensim(net);
end
```

附录2　GM-BP 神经网络预测切割深度算法 MATLAB 程序

```
% --- Executes on button press in xunlian.       %通过按键开始训练
function xunlian_Callback(hObject, eventdata, handles)       %函数引入
% hObject    handle to xunlian (see GCBO)       %调用数据库函数
```

```
% eventdata  reserved-to be defined in a future version of MATLAB
% handles    structure with handles and user data (see GUIDATA)    %运用数据构建模型
% %输入数据
global minpmaxp net mint maxt
Ori_data0=importdata(实验数据.xlsx);    %%导入数据
Ori_data=Ori_data0.data.Sheet1;
Ori_data1=Ori_data(1:end,2:end)';    %%最终训练数据
P=Ori_data1(2:end,1:end);    %%训练数据
T=Ori_data1(1,1:end);    %%训练数据对应深度数据
[pn,minp,maxp,tn,mint,maxt]=premnmx(P,T);    %%数据归一化
%创建 RNN 神经网络
net_1=newelm(minmax(pn),[10,1],{'tansig','purelin'},'traingdm');
%设置训练参数
net_1.trainParam.show=50;    %%现实迭代步数
net_1.trainParam.lr=0.005;    %%学习率
net_1.trainParam.mc=0.8;    %%动量因子
net_1.trainParam.epochs=20000;    %%训练步数
net_1.trainParam.goal=1e-5;    %%训练终止条件
net=init(net_1);    %初始化网络
%训练网络
net=train(net,pn,tn);
save('RNN.mat','net');
save('mint.mat','mint');
save('maxt.mat','maxt');
h=msgbox('模型训练完毕!');
```

```
% --- Executes on button press in yuce.
function yuce_Callback(hObject, eventdata, handles)
% hObject    handle to yuce (see GCBO)
% eventdata  reserved-to be defined in a future version of MATLAB
% handles    structure with handles and user data (see GUIDATA)
%使用训练好的网络,自定义输入
global minpmaxp mint maxt
load RNN.mat
%%%%%%%%%获取七个参数
yali=str2double(get(handles.edit1,'String'));
zhijin=str2double(get(handles.edit2,'String'));
baju=str2double(get(handles.edit3,'String'));
sudu=str2double(get(handles.edit4,'String'));
jiaodu=str2double(get(handles.edit5,'String'));
wendu=str2double(get(handles.edit6,'String'));
zhiliangfenshu=str2double(get(handles.edit7,'String'));
TestInput=[yali;zhijin;baju;sudu;jiaodu;wendu;zhiliangfenshu];    %%
构建七个参数向量
p2=tramnmx(TestInput,minp,maxp);    %%参数归一化
PN=sim(net,p2);    %%网络预测
TestResult=postmnmx(PN,mint,maxt);    %仿真值反归一化
set(handles.edit8,'String',num2str(TestResult));    %%输出结果
% --- Executes on button press in daorushuju.
function daorushuju_Callback(hObject, eventdata, handles)
global pn1 minp1 maxp1 Real
% hObject    handle to daorushuju (see GCBO)
```

```
% eventdata   reserved-to be defined in a future version of MATLAB
% handles     structure with handles and user data (see GUIDATA)
[FileName,PathName]=uigetfile('*','Select the M-file');
Ori_data0=importdata(FileName);     %%导入数据
Ori_data=Ori_data0.data.Sheet1;
Ori_data1=Ori_data(1:end,2:end)';     %%最终训练数据
P=Ori_data1(2:end,1:end);     %%训练数据
Real=Ori_data1(1,1:end);
[pn1,minp1,maxp1]=premnmx(P);     %%数据归一化
h=msgbox('导入数据完毕!');
% --- Executes on button press in piliangyuce.
function piliangyuce_Callback(hObject, eventdata, handles)
global pn1 Real
% hObject     handle to piliangyuce (see GCBO)
% eventdata   reserved-to be defined in a future version of MATLAB
% handles     structure with handles and user data (see GUIDATA)
load RNN.mat
load mint.mat
load maxt.mat
PN=sim(net,pn1);     %%网络预测
TestResult1=postmnmx(PN,mint,maxt);     %仿真值反归一化
TestResult2=TestResult1';
figure(1),
plot(1:length(TestResult2),TestResult2,'r-o',1:length(TestResult2),Real
','b-*','linewidth',1)
xlabel('序号');
```

```
ylabel('深度预测值与实际比')
legend('预测值','实际值','location','northeast');
%表头
various={'Depth'};
%表的内容
result_table=table(TestResult2,'VariableNames',various);
%创建 csv 表格
writetable(result_table,'深度预测结果.csv')
h=msgbox('批量数据预测完毕！');
```

附录3　GM-BP 神经网络预测随机参数的 GUI 程序

```
% --- Executes on button press in pushbutton5.    %启动程序
function pushbutton5_Callback(hObject, eventdata, handles)    %函数引入
% hObject    handle to pushbutton5 (see GCBO)    %调用数据库函数
% eventdata  reserved-to be defined in a future version of MATLAB
% handles    structure with handles and user data (see GUIDATA)    通过
用户数据构建模型
global minpmaxp net mint maxt NUM
Ori_data0=importdata('实验数据.xlsx');    %%导入数据
Ori_data=Ori_data0.data.Sheet1;
Ori_data1=Ori_data(1:end,2:end)';    %%最终训练数据
if NUM>1
P=[Ori_data1(1:NUM-1,1:end);Ori_data1(NUM+1:end,1:end)];
%%训练数据
else
P=Ori_data1(NUM+1:end,1:end);    %%训练数据
```

```
end
T=Ori_data1(NUM,1:end);      %%训练数据对应数据
[pn,minp,maxp,tn,mint,maxt]=premnmx(P,T);      %%数据归一化
%创建 RNN 神经网络
net_1=newelm(minmax(pn),[10,1],{'tansig','purelin'},'traingdm');
%设置训练参数
net_1.trainParam.show=50;      %%现实迭代步数
net_1.trainParam.lr=0.005;      %%学习率
net_1.trainParam.mc=0.8;      %%动量因子
net_1.trainParam.epochs=20000;      %%训练步数
net_1.trainParam.goal=1e-5;      %%训练终止条件
net=init(net_1);      %初始化网络
%训练网络
net=train(net,pn,tn);
save('RNN.mat','net');
save('mint.mat','mint');
save('maxt.mat','maxt');
h=msgbox('模型训练完毕!');
% --- Executes on button press in pushbutton6.
function pushbutton6_Callback(hObject, eventdata, handles)
% hObject     handle to pushbutton6 (see GCBO)
% eventdata   reserved-to be defined in a future version of MATLAB
% handles     structure with handles and user data (see GUIDATA)
%使用训练好的网络,自定义输入
global minpmaxp mint maxt NUM
load RNN.mat
```

```
    %%%%%%%%%获取七个参数
    % 工作压力
    % 喷嘴直径
    % 靶距
    % 喷嘴移动速度
    % 冲击角度
    % 切割次数
    % 磨料质量分数
    % 切割深度
    yali=str2double(get(handles.edit19,'String'));
    zhijin=str2double(get(handles.edit23,'String'));
    baju=str2double(get(handles.edit20,'String'));
    sudu=str2double(get(handles.edit24,'String'));
    jiaodu=str2double(get(handles.edit21,'String'));
    wendu=str2double(get(handles.edit25,'String'));
    zhiliangfenshu=str2double(get(handles.edit22,'String'));
    shendu=str2double(get(handles.edit26,'String'));
    TestInput1=[shendu ;yali;zhijin;baju;sudu;jiaodu;wendu;zhiliangfenshu];
%%构建八个参数向量
    if NUM>1
    TestInput=[TestInput1(1:NUM-1,1);TestInput1(NUM+1:end,1)];
    else
    TestInput=TestInput1(NUM+1:end,1);
    end
    p2=tramnmx(TestInput,minp,maxp);%%参数归一化
```

```
PN=sim(net,p2); %%网络预测
TestResult=postmnmx(PN,mint,maxt);%仿真值反归一化
set(handles.edit31,'String',num2str(TestResult));%%输出结果
```

参考文献

[1] 梁永宽,杨馥铭,尹哲祺,等. 油气管道事故统计与风险分析[J]. 油气储运,2017,36(4):472-476.

[2] 狄彦,帅健,王晓霖,等. 油气管道事故原因分析及分类方法研究[J]. 中国安全科学学报,2013,23(7):109-115.

[3] 赵汉青. 我国油气管道的事故成因及环境预防措施[J]. 油气储运,2015,34(4):368-372.

[4] 牟善军,张树才,王延平,等. 历史重特大管道燃爆事故反思[J]. 中国安全生产科学技术,2014,10(S1):69-72.

[5] 魏沁汝,姚安林. 基于多米诺效应的输油管道重大事故后果分析[J]. 中国安全生产科学技术,2014,10(11):168-173.

[6] 蔺子军,王丰,朱建成,等. 油库设备应急抢修技术[M]. 北京:中国石化出版社,2010.

[7] 张仕民,梅旭涛,王国超,等. 油气管道维抢修方法及技术进展[J]. 油气储运,2014,33(11):1180-1186.

[8] 屈海利,何建设,宋花平,等. 输油气管道破断抢修技术[J]. 石油规划设计,2011,22(4):38-40.

[9] 屈海利,何建设,宋花平,等. 输油气管道破断非焊接抢修技术[J]. 管道技术与设备,2011(5):37-38,59.

[10] 许长青. 油库输油管道泄漏的抢修方法[J]. 油气储运,1998,17(12):

32,60.

[11] American Petroleum Institute. Repairing Crude Oil, Liquefied Petroleum Gas, and Product Pipelines: API 2200[S]. Washington, D. C.: American Petroleum Institute, 1991.

[12] Canadian Standards Association. Steel Pipe: CSA Z662 [S]. Mississauga: Canadian Standards Association, 2011.

[13] 徐葱葱,姚学军,马江涛,等. 油气管道用高强钢在线切割技术国内外对比分析[J]. 石油工业技术监督,2017,33(5):43-46.

[14] 杨波. 几种新型特种切割方法及其特性对比[J]. 煤矿机械,2005,26(10):80-82.

[15] 肖瑞金. 输油气管道的冷切割技术[J]. 石油化工建设,2014,36(1):93-94.

[16] MILLER P L. Abrasive waterjets: a nontraditional process for the safe and environmentally friendly demilitarization of underwater high-explosive munitions [J]. Marine Technology Society Journal, 2012, 46(1): 83-91.

[17] 蒋大勇,白云. 某型强光爆震弹的处废方式研究[J]. 爆破器材,2016,45(6):26-31.

[18] 张福炀,廖昕,伦晓梅,等. 高压水射流切割发射药模型及实验研究[J]. 含能材料,2014,22(2):245-250.

[19] KITAMURA K, SANO K, NAKAMURA Y, et al. Technology development for decommissioning in FUGEN and current status [C] // ASME 2009 12th International Conference on Environmental Remediation and Radioactive Waste Management, Volume 2. Liverpool, UK. ASMEDC, 2009: 69-80.

[20] 刘超,刘聪. 前混合磨料水射流技术在煤矿井下的应用前景分析[J]. 煤矿机械,2016,37(8):3-6.

[21] 朱玖琳. 煤层气弃井套管磨料射流切割技术研究[D]. 东营:中国石油大学

(华东),2014.

[22] HUNT A P, BULLER M J, MALEY M J, et al. Validity of a noninvasive estimation of deep body temperature when wearing personal protective equipment during exercise and recovery[J]. Military Medical Research,2019,6(1):20.

[23] SHEN W, DOU L M, HE H, et al. Rock burst assessment in multi-seam mining:A case study[J]. Arabian Journal of Geosciences,2017,10(8):196.

[24] 刘送永,杜长龙,江红祥. 机械-水射流联合破岩及在矿山机械中应用[M]. 北京:科学出版社,2017.

[25] 马世宁,刘谦,李长青. 工程机械维修技术研究与发展[J]. 中国工程机械学报,2004,2(4):452-456.

[26] 谢明武. 工程机械应急救援管理技术研究[D]. 西安:长安大学,2014.

[27] 汤张枫,周晓晶,任春晓. 常用应急抢险装备的合理选择和配备[J]. 交通节能与环保,2019,15(5):63-64.

[28] 张云红,乔伟,孙奇. 战时公路工程抢修工法标准研究[J]. 军事交通学院学报,2018,20(4):13-15.

[29] 聂世全,王伟峰. 油库动火作业事故的教训和安全作业的对策[J]. 石油库与加油站,2013,22(2):15-18.

[30] 于浩楠,韩永馗,林潮涌. 高精度切割装备现状及发展趋势[J]. 金属加工(热加工),2014(8):16-20.

[31] 朱凤扬. 运用正交试验法确定等离子切割立式罐罐壁坡口最佳工艺[J]. 全面腐蚀控制,2018,32(11):33-37.

[32] 李世红,袁跃兰,刘绅绅,等. 基于蚁群算法的激光切割工艺路径优化[J]. 锻压技术,2019,44(4):69-72.

[33] 刘庆卫. 激光切割机采用压缩空气作为辅助气体的空气压缩机选择和应用[J]. 压缩机技术,2019(5):25-34.

[34] 王闯,高巍. 黄油囊油气隔离装置在油气管道动火抢修中的应用[J]. 管道

技术与设备,2008(4):62.

[35] 钱浩,宋科委,郭春雨,等.喷水推进器流道对船舶阻力性能的影响[J].中国舰船研究,2017,12(2):22-29.

[36] 刘勇,陈长江,刘笑天,等.高压水射流破岩能量耗散与释放机制[J].煤炭学报,2017,42(10):2609-2615.

[37] 陆朝晖,卢义玉,夏彬伟,等.冲击挤压式脉冲射流动力特性数值模拟[J].中国石油大学学报(自然科学版),2013,37(4):104-108.

[38] 张乃禄,王萌,黄建忠,等.油气管道维抢修作业人员可靠性评价[J].油气储运,2016,35(4):363-368.

[39] 毕福军.油库输油管道泄漏原因及抢修对策[J].化工管理,2018(30):69-70.

[40] 曾顺鹏,邓松圣,杨秀文,等.高压水射流技术在油气储运工程中的应用现状[J].重庆科技学院学报(自然科学版),2005,7(1):29-32.

[41] 于以兵,邓松圣,陈晓晨,等.添加减阻剂的前混合磨料射流切割性能试验研究[J].后勤工程学院学报,2016,32(6):52-55.

[42] 杨亚非.论国家经济安全与我国自然灾害救助应急体系建设[J].经济与社会发展,2009,7(11):1-9.

[43] 管鹏.浅析石油化工行业安全生产事故应急管理体系建设[J].当代化工研究,2020(2):17-18.

[44] 陈一洲,杨锐,苏国锋,等.应急装备资源分类及管理技术研究[J].中国安全科学学报,2014,24(7):166-171.

[45] 陈硕,孙志刚,李德武.重大危化品事故应急救援装备建设研究[J].安全、健康和环境,2019,19(10):15-19.

[46] 李晶晶,朱渊,陈国明,等.城市油气管道泄漏爆炸重大案例应急管理对比研究[J].中国安全生产科学技术,2014,10(8):11-15.

[47] 赵民,王宗英,刘国玉.高压水射流切割技术及在建材领域中的应用[J].

中国建材装备,1997(7):36-38.

[48] 蒋美华,薛文斌,李慧梅,等.多功能快速应急救援工程车研发方案探讨[J].工程机械,2016,47(7):53-57,7.

[49] 王新伟.如何提高消防应急救援能力[J].今日消防,2019,4(8):12-13.

[50] 陈晓晨,邓松圣,于以兵,等.便携式磨料水射流切割系统设计[J].后勤工程学院学报,2016,32(6):46-51.

[51] 刘鲁兴,邓松圣,管金发,等.新型中心体喷嘴流场数值模拟与结构优化[J].天然气与石油,2019,37(4):106-111.

[52] 王永强,任启乐,薛胜雄,等.水射流新型应用技术与装备的研究[J].流体机械,2018,46(2):36-40.

[53] 罗同杰,孙长稳,杜文胜,等.废旧单兵破甲弹高压水切割拆解设计和技术探析[J].价值工程,2014,33(4):305-306.

[54] 向文英,李晓红,卢义玉.淹没磨料射流的空蚀能力分析[J].重庆大学学报(自然科学版),2009,32(3):299-302.

[55] 张滕飞,邓松圣,陈晓晨,等.后混磨料射流颗粒运动仿真和实验分析[J].重庆理工大学学报(自然科学),2015,29(2):57-60,97.

[56] LIU H X,SHAO Q M,KANG C,et al. Impingement capability of high-pressure submerged water jet:Numerical prediction and experimental verification[J]. Journal of Central South University,2015,22(10):3712-3721.

[57] 王从东.前混式高压磨料水射流切割锚杆性能实验研究[J].安徽理工大学学报(自然科学版),2015,35(4):31-33,60.

[58] 司鹄,王丹丹,李晓红.高压水射流破岩应力波效应的数值模拟[J].重庆大学学报(自然科学版),2008,31(8):942-945,950.

[59] 廖松,邓松圣,赵华忠,等.基于空化水射流的储油罐智能清洗除锈机械研究[J].当代化工,2019,48(9):2107-2111.

[60] 陈晓晨,邓松圣,张滕飞,等.新型后混合磨料水射流喷嘴流场数值模拟研

究[J]. 天然气与石油,2018,36(3):92-97.

[61] 王洋,曹璞钰,印刚,等. 非均匀进流下喷水推进泵的内流特性和载荷分布[J]. 推进技术,2017,38(1):69-75.

[62] 唐川林,徐旭,王霞光,等. 自振脉冲喷嘴异形结构对射流冲蚀性能的影响[J]. 振动与冲击,2018,37(15):118-123,155.

[63] BEENTJES I, BENDER J T, HAWKINS A J, et al. Chemical dissolution drilling of barre granite using a sodium hydroxide enhanced supercritical water jet[J]. Rock Mechanics and Rock Engineering,2020,53(2):483-496.

[64] ABOTALEB H A, ABDELSALAM M Y, ABOELNASR M M, et al. Wet front propagation for water jet impingement on flat surface [J]. Alexandria Engineering Journal,2018,57(4):2641-2648.

[65] PEREC A. Experimental research into alternative abrasive material for the abrasive water-jet cutting of titanium [J]. The International Journal of Advanced Manufacturing Technology,2018,97(1):1529-1540.

[66] AYED Y, GERMAIN G. High-pressure water-jet-assisted machining of Ti555-3 titanium alloy: Investigation of tool wear mechanisms [J]. The International Journal of Advanced Manufacturing Technology,2018,96(1):845-856.

[67] WANG C, WANG X K, SHI W D, et al. Experimental investigation on impingement of a submerged circular water jet at varying impinging angles and Reynolds numbers [J]. Experimental Thermal and Fluid Science, 2017, 89: 189-198.

[68] HOSSEINNIA S M, NAGHASHZADEGAN M, KOUHIKAMALI R. CFD simulation of water vapor absorption in laminar falling film solution of water-LiBr: Drop and jet modes [J]. Applied Thermal Engineering, 2017, 115: 860-873.

[69] MANCE D A, GEILMANN H, BRAND W A, et al. Changes of ^{2}H and ^{18}O

abundances in water treated with non-thermal atmospheric pressure plasma jet [J]. Plasma Processes and Polymers,2017,14(10):1600239.

[70] LEE C H,XU C H,HUANG Z H. A three-phase flow simulation of local scour caused by a submerged wall jet with a water-air interface[J]. Advances in Water Resources,2019,129:373-384.

[71] TOMITA Y,SATO K. Pulsed jets driven by two interacting cavitation bubbles produced at different times[J]. Journal of Fluid Mechanics,2017,819:465-493.

[72] KIDO M,OKADAS,KOBAYASHI A,et al. Method for producing water-based pigment dispersion liquid and water-based ink for ink jet recording:US20120220703[P]. 2012-08-30.

[73] XIA Y K, KHEZZAR L, ALSHEHHI M, et al. Atomization of impinging opposed water jets interacting with an air jet[J]. Experimental Thermal and Fluid Science,2018,93:11-22.

[74] WANG L D, WANG P, SALEH A S M, et al. Influence of fluidized bed jet milling on structural and functional properties of normal maize starch[J]. Starch-Stärke,2018,70(11/12):1700290.

[75] KOVACEVIC R. Monitoring the depth of abrasive waterjet penetration[J]. International Journal of Machine Tools and Manufacture,1992,32(5):725-736.

[76] 阮桢,傅建桥. 高压水射流切割灭火装备的试验研究[C]//自主创新与持续增长第十一届中国科协年会论文集(3). 重庆:2009:959-963.

[77] 胡雅琳,孙镇镇,蒋泓,等. 前混合磨料水射流在消防破拆中的应用[J]. 消防科学与技术,2015,34(11):1489-1491.

[78] ANDO H,AMBE Y,ISHII A,et al. Aerial hose type robot by water jet for fire fighting[J]. IEEE Robotics and Automation Letters,2018,3(2):1128-1135.

[79] 李晓红,卢义玉,向文英.水射流理论及在矿业工程中的应用[M].重庆:重庆大学出版社,2007.

[80] 董志勇.射流力学 [M].北京:科学出版社,2005.

[81] 辛承梁.高压水射流的清洗功能[J].化学清洗,1999,15(1):41-44.

[82] LI D,KANG Y,DING X L,et al. Effects of area discontinuity at nozzle inlet on the characteristics of self-resonating cavitating waterjet [J]. Chinese Journal of Mechanical Engineering,2016,29(4):813-824 .

[83] 邹树梁,徐守龙,杨雯,等.核设施退役去污技术的现状及发展[J].中国核电,2017,10(2):279-285.

[84] 孔劲松.核设施退役中爆炸切割的应用与放射性微尘控制[J].核动力工程,2014,35(4):151-154.

[85] 宫伟力,王炯,杨军.高压水射流超细粉碎理论与技术[M].北京:冶金工业出版社,2014.

[86] 李连荣,唐焱.磨料水射流切割技术综述[J].煤矿机械,2008,29(9):5-8.

[87] 王晓川.射流割缝导向软弱围岩光面爆破机理及实验研究[D].重庆:重庆大学,2011.

[88] 陶彬.高压水射流加工理论与技术基础研究[D].大连:大连理工大学,2003.

[89] 杨丽君.煤矿井下磨料射流切割系统的设计[J].机电工程技术,2011,40(6):76-77,94.

[90] 赵欣,苑士华,魏超.基于分子动力学模拟的流体剪切力学特性分析[J].北京理工大学学报,2017,37(9):888-892.

[91] 岳湘安.液-固两相流基础[M].北京:石油工业出版社,1996.

[92] 王明波,王瑞和.磨料水射流中磨料颗粒的受力分析[J].中国石油大学学报(自然科学版),2006,30(4):47-49,74.

[93] 马鸣图,李洁,赵岩,等.汽车用金属材料在高应变速率下响应特性的研究

进展[J]. 机械工程材料,2017,41(9):1-13.

[94] 陈俊岭,李金威,李哲旭. Q420 钢材应变硬化与应变率效应的试验[J]. 同济大学学报(自然科学版),2017,45(2):180-187.

[95] 赖兴华,尹斌. 高应变率下高强钢的塑性力学行为及本构模型[J]. 汽车安全与节能学报,2017,8(2):157-163.

[96] 朱俊儿. 应变率相关的高强钢板材屈服准则与失效模型研究及应用[D]. 北京:清华大学,2015.

[97] FINNIE I. The mechanism of erosion of ductile metals[C]. Proceedings of the third U. S. National Congress of Applied Mechanics,1958:527-532.

[98] 丁毓峰,尤明庆. 前混合磨料射流喷嘴磨损机理及结构优化[J]. 矿山机械,1998,26(6):65-68.

[99] BITTER J G A. A study of erosion phenomena part I[J]. Wear,1963,6(1):5-21.

[100] HASHISH M. A model for abrasive-waterjet (AWJ) machining[J]. Journal of Engineering Materials and Technology,1989,111(2):154-162.

[101] NSOESIE S,LIU R,CHEN K Y,et al. Analytical modeling of solid-particle erosion of Stellite alloys in combination with experimental investigation[J]. Wear,2014,309(1/2):226-232.

[102] HUTCHINGS I M. A model for the erosion of metals by spherical particles at normal incidence[J]. Wear,1981,70(3):269-281.

[103] ZHANG Y, REUTERFORS E P, MCLAURY B S, et al. Comparison of computed and measured particle velocities and erosion in water and air flows [J]. Wear,2007,263(1/2/3/4/5/6):330-338.

[104] AHLERT K R. Effects of particle impingement angle and surface wetting on solid particle erosion of AISI 1018 Steel [D]. Tulsa: University of Tulsa,1994.

[105] MENG H C, LUDEMA K C. Wear models and predictive equations: Their form and content[J]. Wear, 1995, 181: 443-457.

[106] YE J, KOVACEVIC R. Turbulent solid-liquid flow through the nozzle of premixed abrasive water jet cutting systems[J]. Proceedings of the Institution of Mechanical Engineers, Part B: Journal of Engineering Manufacture, 1999, 213(1): 59-67.

[107] 王建明,宫文军,高娜. 基于 ALE 法的磨料水射流加工数值模拟[J]. 山东大学学报(工学版), 2010, 40(1): 48-52.

[108] LIU G R, LIU M B. Smoothed particle hydrodynamics: a meshfree particle method[M]. Singapore: World Scientific, 2003.

[109] GRANT G, TABAKOFF W. Erosion prediction in turbomachinery resulting from environmental solid particles[J]. Journal of Aircraft, 1975, 12(5): 471-478.

[110] LIU X H, LIU S Y, JI H F. Numerical research on rock breaking performance of water jet based on SPH[J]. Powder Technology, 2015, 286: 181-192.

[111] WANG J M, GAO N, GONG W J. Abrasive waterjet machining simulation by SPH method[J]. The International Journal of Advanced Manufacturing Technology, 2010, 50(1): 227-234.

[112] 江红祥. 高压水射流截割头破岩性能及动力学研究[D]. 徐州:中国矿业大学, 2015.

[113] 张洋凯,苗思忠,李长鹏,等. 前混合磨料水射流喷嘴外流场磨料加速过程研究[J]. 流体机械, 2017, 45(8): 29-32.

[114] LI H, WANG R, YANG D, et al. Determination of rotary cutting depth on steel pipes with the abrasive water jet technique[J]. Proceedings of the Institution of Mechanical Engineers, Part C: Journal of Mechanical Engineering Science, 2011, 225(7): 1626-1637.

[115] 管金发,邓松圣,段纪森,等. 几何结构参数对磨料水射流喷嘴磨损规律影响的模拟分析[J]. 机床与液压,2017,45(23):146-149.

[116] XIA Y,LIN J Z,BAO F B,et al. Flow instability of nanofuilds in jet[J]. Applied Mathematics and Mechanics,2015,36(2):141-152.

[117] 邓松圣,廖松,于以兵,等. 异形中心体诱发空化射流的数值模拟研究[J]. 流体机械,2017,45(5):21-25.

[118] CHENG H Y,LONG X P,LIANG Y Z,et al. URANS simulations of the tip-leakage cavitating flow with verification and validation procedures[J]. Journal of Hydrodynamics,2018,30(3):531-534.

[119] 王费新,江帅,张晴波,等. 基于射流理论的空气中水射流轨迹及扩展范围计算方法[J]. 水运工程,2018(7):31-34.

[120] 侯荣国,杨欢,蒋振伟,等. 磁场辅助微细磨料水射流加工系统的研制[J]. 机床与液压,2017,45(7):77-80.

[121] 朱培. 细水雾与冷/热态天然气泄漏射流相互作用的模拟研究[D]. 合肥:中国科学技术大学,2017.

[122] 李昳. 离心泵内部固液两相流动数值模拟与磨损特性研究[D]. 杭州:浙江理工大学,2014.

[123] 吴林峰. 无损射流插拔桩专用设备研制[M]. 北京:中国水利水电出版社,2015.

[124] MARRONE S,COLAGROSSI A,CHIRON L,et al. High-speed water impacts of flat plates in different ditching configuration through a Riemann-ALE SPH model[J]. Journal of Hydrodynamics,2018,30(1):38-48.

[125] WU X J,CHOI J K,SINGH S,et al. Experimental and numerical investigation of bubble augmented waterjet propulsion[J]. Journal of Hydrodynamics,2012,24(5):635-647.

[126] 张凤莲,谢军,朱静. 磨料水射流钻削深小盲孔的试验研究[J]. 现代制造

工程,2009(5):87-90.

[127] JUNKAR M, JURISEVIC B, FAJDIGA M, et al. Finite element analysis of single-particle impact in abrasive water jet machining[J]. International Journal of Impact Engineering,2006,32(7):1095-1112.

[128] KUMAR N,SHUKLA M. Finite element analysis of multi-particle impact on erosion in abrasive water jet machining of titanium alloy[J]. Journal of Computational and Applied Mathematics,2012,236(18):4600-4610.

[129] HASHISH M. Visualization of the abrasive-waterjet cutting process[J]. Experimental Mechanics,1988,28(2):159-169.

[130] MOMBER A W,KOVACEVIC R. Principles of abrasive water jet machining[M]. London:Springer London,1998.

[131] ORBANIC H, JUNKAR M. Analysis of striation formation mechanism in abrasive water jet cutting[J]. Wear,2008,265(5/6):821-830.

[132] AHMED D H, NASER J, DEAM R T. Particles impact characteristics on cutting surface during the abrasive water jet machining:Numerical study[J]. Journal of Materials Processing Technology,2016,232:116-130.

[133] 邢科伟,马秀让,刘占卿. 油库加油站设计数据图表手册[M]. 北京:中国石化出版社,2015.

[134] 王超,刘作鹏,陈建兵,等. 250MPa 磨料射流内切割套管技术在我国海上弃井中的应用[J]. 海洋工程装备与技术,2015,2(4):258-263.

[135] 祁宇明,邓三鹏,王仲民,等. 坍塌现场高压水射流破拆机器人系统研究[J]. 机械设计与制造,2013(6):209-211.

[136] 蒋大勇,白云. 磨料水射流切割防暴弹的试验研究[J]. 爆破器材,2018,47(1):43-47.

[137] 国家市场监督管理总局,国家标准化管理委员会. 超高压水切割机:GB/T 26136—2018[S]. 北京:中国标准出版社,2018.

[138] 彭家强,宋丹路,宗营营. 磨料水射流对金属材料去除力和去除模型的研究[J]. 机械设计与制造,2012(2):17-19.

[139] 杨升,胡寿根,王宗龙,等. 基于 BP 人工神经网络的磨料水射流切割深度模型[J]. 上海理工大学学报,2008,30(6):528-530.

[140] 雷玉勇,万霞,闵晓勇. 基于人工神经网络的磨料水射流切削工艺建模[J]. 西华大学学报(自然科学版),2006,25(1):69-72.

[141] 张文钦,鱼敏. 基于层次分析法的野战医疗所战伤救治能力综合评价研究[J]. 军事医学,2017,41(12):1004-1008.

[142] 徐星,孙文标,田坤云,等. 基于多标度的矿井突水风险等级模糊综合评价[J]. 河南工程学院学报(自然科学版),2017,29(4):39-43.

[143] 张先炼,王国杰. 混合遗传算法综述[J]. 电子世界,2015(14):120-121.

[144] 鄢烈忠,雷玉勇,唐炼,等. 基于 BP 神经网络的磨料水射流抛光质量研究[J]. 煤矿机械,2017,38(12):133-135.

[145] 陈晓晨,邓松圣,管金发,等. 前混合磨料水射流渗流沉降式磨料罐结构设计及供料特性研究[J]. 流体机械,2018,46(7):45-48.

[146] ISSAADI S, ISSAADI W, KHIREDDINE A. New intelligent control strategy by robust neural network algorithm for real time detection of an optimized maximum power tracking control in photovoltaic systems[J]. Energy, 2019, 187:115881.

[147] 周爱照,李罗鹏,仲冠宇,等. 基于遗传算法优化 BP 神经网络方法的旋转磨料射流开窗预测[J]. 科学技术与工程,2014,14(27):202-206.

[148] 赵鹏. 超高压细水雾切割灭火装置的研究[D]. 北京:北京工业大学,2012.

[149] 孙镇镇,张东速,谢淮北,等. 便携式磨料水射流破拆及灭火性能研究[J]. 消防科学与技术,2014,33(7):804-806.

[150] 邓三鹏,杨文举,祁宇明,等. 超高压水射流破拆机器人液压系统设计与

研究[J]. 液压与气动,2016,40(1):91-94.

[151] 胡东,夏志华,唐川林. 后混合磨料水射流切割系统的研究[J]. 机床与液压,2013,41(19):33-35,39.

[152] 郭嗣琮,杨洋. 模糊参数系统可靠度隶属函数的确定方法[J]. 模糊系统与数学,2018,32(3):47-53.

[153] 张文. 基于模糊数学的震后建筑火灾危险性评估模型研究[J]. 地震工程学报,2018,40(6):1372-1377.

[154] 赵莹莹,赵斌. 基于三角模糊数学与事故树分析法的压力管道爆炸研究[J]. 辽宁石油化工大学学报,2018,38(6):65-69.